KB234669

담양 여행

여는 글

초록빛 꿈의 지도, 담양

꽉 채워 꼬박 3년, 열두 번의 계절을 보내고 나서야 담양을 한 권의 책에 담아 세상에 내놓게 되었습니다. 왜 그렇게 오랜 시간이 걸렸냐고요?

대쪽같이 올곧은 조선시대 사림(士林)들은 대나무의 고장 담양에 내려와 누각과 정자를 짓고 자연을 벗 삼아 시문을 지어 노래하며 살았다고 합니다. 그들은 더 크고 더 화려하게 정자를 지을 수 있었을 텐데 겨우 몸 하나 누일 작은 정자를 짓고 매일 흐트러짐 없이 학문에 정진하며 자연을 있는 그대로 사랑했던 고고한 선비들이었습니다. 벼슬을 내려놓고 초야에 묻혀 살았던 그들의 마음을 헤아려보려고 그들이 지냈던 곳을 여러 번 찾아가 한없이 시간을 보냈습니다. 또한 계절이 바뀔 때마다 찾아간 메타세쿼이아길은 신기하게도 단 한 번의 실망도 보여준 적이 없었습니다. 그래서 지칠 때면 언제든 꺼내볼 수 있는 아름다운 풍경을 마음에 담아둘 수 있게 되었습니다.

가을이 끝을 향하는 때에 담양호 용마루길을 걸었는데 바람이 몹시 많이 불어 걷기조차 힘이 들었습니다. 그런데 죽녹원의 대나무숲에 들어가니 누군가 마술을 부린 듯 그 스산한 바람들은 대나무잎들 사이에서 아름다운 노랫소리가 되었습니다. 평생 잊을 수 없는 멋진 순간이었죠. 이러다 보니 원고 작업은 더디게만 진행되었고 때로는 저 자신이 한심스럽다 느껴질 때도 있었습니다. 그래도 담양 공부를 멈출 수 없었고 담양을 알아가는 동안 우리가 자존심을 걸고 지켜내야 하는 한국적인 것이 무엇인지 깨닫는 소중한 시간이 되었습니다.

담양을 내 걸음으로 하나하나 찬찬히 음미하는 재미에 흠뻑 빠져들면서 저의 모든 시간과 공간은 온통 담양으로 물들었습니다. 기차를 타고 버스를 타고 비행기를 타고, 어느새 저는 시간만 나면 담양에 와있었습니다.

담양은 번잡한 도시가 지겨워진 사람들을 사로잡는 매력이 있는 곳입니다. 삶을 행복으로 채우고 싶을 때 담양으로 오세요. 때 묻지 않은 자연이 내어준 길을 느릿 느릿 걸으며 행복이 다가옴을 느껴보세요.

- 양소희

목차

부록

담양군 전체 지도
순창군
순창군
장성군
용추산
가마골생태공원
(영산강시원지)
용면
추월산
보리암
담양호
용마루길
연동사
연동사지지장보살입상
연동사지삼층석탑
담양온천
금성면
월산면
용흥사
2015담양세계
대나무박람회장
담양읍
대나무골테마파크
객사리석당간
메타세쿼이아길
죽녹원
테지움테마파크
병풍산
수북면
담양군청
호남기후변화체험관
삼인산
담양버스터미널
용화사
남산리
오층석탑
보광사
대전면
언곡사지삼층석탑
오룡리석불입상
무정면
면양정
봉산면
모현관
미암유물전시관
몽한각
곡성군
송강정
창평삼지내마을
만덕산
남극루
월봉산
상월정
대덕면
고서면
명옥헌원림
창평면
광주광역시
식영정
광주호
한국가사문학관
개선사지석등
소쇄원
환벽당
독수정원림
화순군
남면

천 년의 역사가 숨 쉬는 대나무의 고장

담양은 전라남도 최북단에 위치하고 있으며 동남쪽은 곡성군, 서쪽은 장성군, 남쪽은 광주광역시와 화순군, 북동쪽은 전라북도 순창군과 접해 있다. 호남정맥과 노령산맥으로 둘러싸인 분지로 추월산(秋月山)이 진산이다. 현재 행정구역상으로 담양읍과 봉산(鳳山)면, 고서(古西)면, 남(南)면, 창평(昌平)면, 대덕(大德)면, 무정(武貞)면, 금성(金城)면, 용(龍)면, 월산(月山)면, 수북(水北)면, 대전(大田)면의 11개 면으로 이루어져 있다.

기후는 대륙성 기후로 아열대성 식물이 자란다. 연평균기온은 14.2℃ 내외, 1월 평균기온은 -3.9℃ 내외, 8월 평균기온은 33.4℃ 내외이다. 연강수량은 1,366mm 내외로 비가 많이 내리는 지역이다. 또한 기후와 토질이 대나무가 자라기에 적합하며 대나무 밭의 면적이 전국에서 가장 넓어 '죽향(竹鄕)'이라고 불린다.

담양(潭陽)이란 명칭이 처음 사용된 것은 고려시대로 2018년이 되면 천 년의 역사를 갖는다.《신증동국여지승람(新增東國輿地勝覽)》〈담양도호부조(潭陽都護府條)〉를 살펴보면, "담양군(潭陽郡)은 원래 백제의 추자혜군(秋子兮郡)인데 신라 경덕왕이 추성군(秋成郡)이라 바꾸었고, 고려 성종 14년(995)에 담주도단련사(潭洲都團鍊使)로 하였다가 후일 지금의 명칭인 담양(潭陽)으로 고치어 나주에 복속하게 되었다."고 기록하고 있다. 따라서 성종 14년 이후인 고려 현종 9년(1018)에 담양(潭陽)이라는 지명이 생겨났음을 알 수 있다. 조선 개국 후 1399년 담양부로 승격되었고, 1413년에는 담양도호부로 고쳐 부르게 된다. 담양이라는 지명의 유래를 더 거슬러 올라가 살펴보면 물갓골이 담주(潭州)로 되었다가 고을이라는 의미의 양(陽)이 담(潭)과 만나 담양(潭陽)이 되었음을 알 수 있다.

선사 및 삼국시대(백제)

대덕면 매산리와 월산면 광암리 지역에서 구석기시대의 유물인 뗀석기 등이 발견되어 상당히 오래 전부터 담양 지역에 사람이 살고 있던 것으로 추정하고 있다. 청동기시대 유적인 고인돌은 대전면 72기 · 무정면 82기 등 모두 240여 기가 있는 것으로 조사되어 이들 지역에 정치적 사회가 형성되었던 것으로 판단된다. 한편 봉산면 제월리(齊月里)에는 석촉 · 석검 · 저석(숫돌) · 석부(石斧) 등 유물이 출토된 바 있고, 무정면 강쟁리(현 담양읍)에서는 석검과 석부가, 담양읍 일대의 석관묘에서는 잔무늬거울 · 세형동검 등이 발견되기도 하였다. 삼한 중 마한(馬韓)에 속했던 지역으로 마한 소국들의 존재를 주장하는 일부 학자들도 있으나 확실하지는 않다. 다만 영산강 상류 지역의 고인돌 분포로 보아 일찍부터 정치적 사회 단체가 존재하였다는 가능성은 매우 높다. 백제가 전남 지방을 지배하는 시기는 근초고왕 24년(369)경으로 담양 지역은 이 시기에 백제 영역에 포함되었다.

남북국시대(통일신라)

신라가 지방 제도 체제를 정비하기 전에 당(唐)에 의한 지방 제도의 개편이 이루어졌다. 당은 백제의 옛 땅에 웅진도독부(熊津都督府)를 설치하고 7주 51현을 설치했는데 담양 지역과 관계가 되는 것은 분차주(分嵯州)이다. 경덕왕 16년(757)에는 대대적인 지방 통치 조직 개편과 군현명 개정 작업이 이루어진다. 한편 경문왕 8년(868), 왕의 발원에 의하여 건립되었다는 개선사(開仙寺)의 석등이 남면 학선리에 남아 있는 것으로 보아 통일신라시대 이 지역에 불교문화가 융흥(隆興)하였을 것임을 짐작케 한다.

고려시대

태조 23년(940)에 기양현(祁陽縣)이 창평현(昌平縣)으로 개칭되고 율원현(栗原縣)이 원율현(原栗縣)으로 바뀌는 등의 변화가 생긴다. 그 후 성종 14년(995) 추성군을 고쳐서 군사적 의미가 강한 담주도단련사(潭州都團鍊使)를 삼는 조처가 이루어지나 시행 10년 만에 폐지되고 현종 9년(1018) 새로운 군현 제도가 이루어진다. 이때 담양군은 나주목(羅州牧)의 속군(屬郡)이 되었으며, 원율현과 창평현도 나주목의 속현이 되었다. 명종 2년(1172)에는 담양에 감무(監務)가 파견되었으나 고종 24년(1237) 원율현인(原栗縣人) 이연년(李延年)이 반란을 일으키자 율원이 폐현된다. 공양왕 3년(1391)에는 담양 감무(監務)가 원율현을 겸임케 하는 조처가 이루어지고 몽고 침입기에는 몽장(蒙將) 차라대(車羅大)가 담양에 둔소(屯所)를 설치하고 주둔하는 등 담양을 중요한 군사적 거점으로 인식하고 있음을 알 수 있다.

조선시대

태조 4년(1395) 담양이 국사(國師) 조구(祖丘)의 고향이라 하여 감무관(監務官)을 지군사(知郡事)로 승격시키는 조치가 취해지고, 1399년 공정왕(정종)비 김씨의 외향(外鄕)이라 하여 군(郡)에서 부(府)로 승격하였고 태종 13년(1413)에 도호부(都護府)로 고쳐졌다. 세종 17년(1435)에는 창평의 관할이었던 장평(長平) · 갑향(甲鄕)의 향 · 부곡이 담양도호부(潭陽都護府)의 영역 내에 들어와 있다 하여 이를 담양에 병합하는 조처가 취해졌다.

근대 이후

1895년 갑오개혁(甲午改革) 때 전국을 23부의 체제로 나누었는데 담양과 창평은 남원부(南原府) 산하 20개 군 중 하나로 편제되었다. 그러나 1896년 13도제로 변경하자 담양군과 창평군은 전라남도에 속하게 된다. 1914년 일제는 전국을 13도 12부 220군으로 개편을 단행한다. 1918년에는 무면(武面)과 정면(貞面)을 합하여 무정면(武貞面)으로, 그리고 구암면(九岩面)을 봉산면(鳳山面)으로 고쳐 12면 체제를 이루었다. 1943년에는 담양면이 읍으로 승격됨으로서 1읍 11면의 체제를 이루었다. 1976년에는 광주호의 건설로 남면의 학선리(鶴仙里) 일부 지역이 수몰되었고, 같은 해 담양호의 건설로 용면의 도림(道林) · 월계(月桂) · 산성(山城) · 청흥(淸興) · 용연리(龍淵里)의 일부 지역이 수몰되었다.

참고자료 :《두산백과》,《한국민족문화대백과》

담양 어떻게 갈까?

항공

운행 구간	운행 시간	운행 간격	소요 시간
김포 → 광주	07:50~21:10	7회/1일	50~55분
광주 → 김포	07:30~20:45	7회/1일	50~55분

열차

운행 구간	운행 시간	운행 간격	운행 열차
용산 → 광주송정	05:20~22:15	26회/1일(주말 기준)	호남선 KTX
광주송정 → 용산	05:30~22:53	26회/1일(주말 기준)	호남선 KTX
용산 → 광주	06:30~22:05	8회/1일	새마을 4회/1일 무궁화 4회/1일
광주 → 용산	04:00~23:00	수시	새마을 4회/1일 무궁화 4회/1일

고속 / 직행버스

버스 종류	운행 구간	운행 시간	운행 간격
고속버스	서울 ↔ 담양	08:10, 11:10, 14:10, 17:00	4회/1일 (센트럴시티 터미널)
고속버스	담양 ↔ 서울	09:00, 11:00, 15:00, 17:00	4회/1일 정안(상) 휴게소 환승 이용 가능
직행버스	인천 ↔ 담양	08:20~16:30(안산 경유)	2회/1일
직행버스	담양 ↔ 인천	08:20~16:30(안산 경유)	2회/1일
직행버스	광주 ↔ 담양	05:50~22:45	15~20분 간격
일반버스(311번, 322번)	광주 ↔ 담양	06:20~21:50	15~20분 간격

시내버스 / 군내버스

버스	번호	노선명
광주 시내버스	일곡 180	롯데백화점 ↔ 서방시장 ↔ 홈플러스 ↔ 송강정
광주 시내버스	충효 187	광주병원 ↔ 서방시장 ↔ 산오거리 ↔ 충장사 ↔ 한국가사문학관 ↔ 소쇄원
광주 시내버스	두암 181	서방시장 ↔ 홈플러스 ↔ 고서면 ↔ 창평슬로시티
광주 시내버스	225	광천동고속버스터미널 앞 ↔ 서방시장 ↔ 홈플러스 ↔ 고서면 ↔ 한국가사문학관 ↔ 소쇄원
군내버스	303	담양버스터미널 ↔ 죽녹원 ↔ 용면 ↔ 추월산 ↔ 가마골
군내버스	311(좌석버스)	광주유스퀘어 정문(앞) 시내버스승강장 ↔ 광주역 뒷편 ↔ 서방시장 ↔ 홈플러스 ↔ 담양버스터미널 ↔ 죽녹원
군내버스	322	롯데백화점 ↔ 광주역 앞 ↔ 서방시장 ↔ 홈플러스 ↔ 송강정(쌍교) ↔ 담양버스터미널

담양버스터미널 : 061-381-3233 / 담양교통(군내버스) : 061-382-6823 / 동광고속(시외버스) : 061-381-4846
(유)성림택시 : 061-381-5050 / 담양택시(유) : 061-381-3211 / 담양개인택시 : 061-382-1379

자가용

서울 방면에서 (서울, 청주, 대전)	호남고속도로	1. 백양사IC → 백양사 입구 → 월산면 → 담양읍 2. 백양사휴게소 → 담양 · 순천 방향 → 담양IC
	서해안고속도로	고창휴게소 → 고창분기점 → 광주 · 순천 방면 → 담양분기점
대구 방면에서 (대구, 함양, 포항)	88고속도로	88고속도로 → 남원 → 담양IC
부산 방면에서 (부산, 진주)	남해고속도로	남해고속도로 → 호남고속도로 → 담양IC

교통 정보 안내

담양관광정보센터	061-380-2820
담양군 지역경제과	061-380-3055
담양버스터미널	061-381-3233
광주송정역	1544-7788, 1588-7788
광주버스터미널	061-360-8114
전국 관광 안내	1330
광주공항	062-940-0214
대한항공	1588-2001
아시아나항공	1588-8000

담양버스터미널

담양항공

담양군 금성면 원율리에 위치한 담양항공으로 가면 두 발로 걸어 다녔던 담양 명소를 하늘에서 내려다보는 짜릿한 경비 행기 체험을 할 수 있다. 주 코스는 죽녹원, 담양호, 금성산성, 담양리조트, 메타세쿼이아길 등이며, 비용은 투어 시간에 따라 평일 5만 원(주말 6만 원)부터 20만 원(주말 24만 원)으로 초등학생 이상 일반인이면 누구나 탑승 가능하다.

주소 : 전라남도 담양군 금성면 석현길 77-77
전화 : 061-381-6230, 010-6281-5999
시간 : 09:00〜일몰까지
휴무 : 매주 목요일
홈페이지 : www.aeromaster.co.kr

담양시티투어

대중교통 운행이 어려운 관광지를 테마별로 연결하여 담양의 문화유산과 관광명소 등을 보다 효율적이며 알차게 둘러볼 수 있는 순환 관광을 말하며, 담양의 볼거리를 구체적으로 보여주기 위한 관광 편의제공 여행 프로그램이다.

담양시티투어는?

프로그램의 다양화를 위해 홀수 주와 짝수 주를 달리 운영하여 담양의 아름다운 경치뿐 아니라 전통의 미(美)를 여유 있게 즐기도록 구성하였다. 또한 다도, 천연염색, 한과 만들기, 추월산 약다식 만들기, 분경 체험 등 다양한 체험 활동이 가능하여 보는 것만 아니라 직접 참여하고 즐길 수 있도록 되어 있다.

담양시티투어 안내

참가 접수 : 담양군 문화관광 홈페이지(http://tour.damyang.go.kr)

기간 : 연중(매주 토 · 일 09:00~18:20)

출발 장소 : 광주송정역(KTX) 2번 출구에서 우측으로 10m 버스정류장(광주역 경유)

운영 장소 : 관내 주요 관광지(코스별 운행)

접수 기간 : 투어일 2일 전 18시까지

운행 조건 : 참가자 15인 이상 시 운영

이용 요금 : 1인 19,000원(중식 · 체험료 등 포함)

최소 출발 인원 : 15명 이상(15인 미만이면 당일 운행 취소)

※ 문화관광해설사 동행

투어 내용

체험 : 천연염색, 다도, 약다식 만들기, 한과 · 쌀엿, 분경 체험

관광 : 죽녹원, 관방제림, 메타세쿼이아길, 가마골생태공원, 담양호 · 용마루길, 소쇄원, 창평슬로시티, 한국가사문학관 등

투어코스

▶ 담양시티투어 제1코스(매주 토요일)

담양의 대표 관광지인 죽녹원과 소쇄원, 역사와 현재가 공존하는 창평슬로시티의 삼지내마을을 둘러보고 그곳에서의 한과 또는 쌀엿 체험을 통해 담양의 멋과 맛을 즐길 수 있는 관광 상품이다.

광주송정역 → 광주역 → 죽녹원 → 메타세쿼이아길 → 중식 → 창평슬로시티 → 체험프로그램
→ 소쇄원 → 한국가사문학관 → 광주역 → 광주송정역

※ 체험 프로그램 : 다도 체험(3, 4, 5, 9월), 한과 체험(6, 7, 8, 10월), 쌀엿 체험(11~2월)

▶ 담양시티투어 제2코스(매주 일요일)

머리가 맑아지고 심신이 안정되는 느낌으로 '웰빙과 힐링관광 1번지'로 사랑받고
있는 대나무숲 죽녹원, 초록빛 꿈의 길로 안내하는 메타세쿼이아길, 영산강의 시원
인 용소를 품고 있는 가마골생태공원 등 담양의 으뜸 자연경관을 둘러보며 천연염
색과 다도 체험이 가능한 관광 상품이다.

광주송정역 → 광주역 → 한국대나무박물관 → 죽녹원 → 중식 → 체험프로그램 → 가마골생태
공원, 용마루길, 담양호 → 메타세쿼이아길 → 광주역 → 광주송정역

※ 체험 프로그램 : 염색 체험(5, 6, 7, 11, 12월), 약다식 체험(8, 9, 10월), 분경 체험(1~4월)

관광택시투어

담양을 즐기는 또 하나의 방법

좀 더 편안하고 차별화된 관광을 원한다면 택시투어를 선택하자. 담양군이 주관하
는 문화관광해설 교육을 수료하여 전문가 수준의 관광해설 능력을 갖춘 15명의 관
광안내도우미 기사님들의 재미난 해설을 들으면서 담양의 숨은 비경을 편하고 재
미있게 관광할 수 있다.

운행 주기 : 연중무휴

출발 장소 : 담양버스터미널 옆 택시 대기소

운행 코스 : 종합 코스, 가사문화, 대나무 생태 체험 등

운임 : 1시간당 20,000원

※ 관광 여건에 따라 코스 및 요금 조정이 가능하다.

※ 접수 안내 : 택시문화관광해설사회 061-382-1379 / www.tour.damyang.go.kr

▶ 가사문화 코스(소요 시간 : 6시간)

소쇄원 → 한국가사문학관 → 식영정 → 명옥헌원림 → 창평슬로시티 → 송강정 → 면앙정 →
담양온천 · 대나무랜드

▶ 대나무 O₂ 체험 코스(소요 시간 : 5시간)

한국대나무박물관 → 죽녹원 → 관방제림 → 메타세쿼이아길 → 대나무골테마공원 → 담양온천 ·
대나무랜드

▶ 담양호권 1코스(소요 시간 : 5시간)

금성산성 → 용마루길 → 담양호 → 메타세쿼이아길 → 죽녹원 → 관방제림

▶ 담양호권 2코스(소요 시간 : 5시간)

가마골생태공원 → 담양호 → 용마루길 → 메타세쿼이아길 → 죽녹원 → 관방제림

담양읍 관광지 순환버스

주말 및 공휴일 / 10:00~19:00 / 하루 10회 운영 / 60분 간격 /

요금 : 승차 시마다 군내버스 기본 요금(일반 1,200원 / 학생 950원/ 초등학생 600원)

담양터미널 / 한국대나무박물관 → 죽녹원(후문) → 죽녹원 → 메타세쿼이아길 → 담
양터미널

자전거 무료 대여

아름다운 담양을 즐기는 방법 중 하나로 자전거여행을 권한
다. '이곳에서 자전거를 타면 사랑이 이루어집니다'라고 쓰인
관방제림 아래 관방천길을 유유히 달려도 좋다. 창평슬로시
티를 자전거로 둘러보는 코스와 물길 따라 달리는 담양호 길
을 담양의 자전거여행지로 추천한다.

대여 장소 : 담양읍사무소 380-3728 / 담양문화회관 380-
3464 / 담양군청 문화체육과 380-2808

대여 시간 : 09:00~17:30

추천코스

1코스 선비문화권 코스	식영정 → 한국가사문학관 → 소쇄원 → 독수정원림→ 명옥헌원림 → 송강정 → 면앙정
2코스 대나무 O_2 체험 코스	죽녹원 → 관방제림 → 메타세쿼이아길 → 대나무골테마공원 → 한국대나무박물관
3코스 창평슬로시티 코스	달팽이가게 → 삼지내마을 산책 → 슬로시티 체험 → 창평국밥 → 하심당 → 모현관 → 상월정
4코스 담양호권 코스	추월산(보리암) → 담양호·용마루길 → 가마골생태공원 → 금성산성

 지역별 접근에 따라 분류

서울, 충청 방면 서해안, 호남고속도로, 담양 – 고창	1일차	죽녹원 → 관방제림 → 메타세쿼이아길 → 한국대나무박물관 → 담양호 → 금성산성 → 숙박
	2일차	추월산·용마루길 → 가마골생태공원 → 면앙정 → 송강정 → 창평슬로시티 → 식영정 → 한국가사문학관 → 소쇄원 → 명옥헌원림
광주, 순천. 부산 방면 남해, 88고속도로, 국도29호선	1일차	식영정 → 한국가사문학관 → 소쇄원 → 창평슬로시티 → 면앙정 → 송강정 → 죽녹원·시가문화촌 → 관방제림 → 한국대나무박물관 → 숙박
	2일차	메타세쿼이아길 → 대나무골테마공원 → 금성산성 → 연동사 → 담양호·용마루길 → 추월산 → 가마골생태공원
대구, 순천 방면 남해, 88고속도로, 국도24호선	1일차	금성산성 → 담양호·용마루길 → 추월산 → 가마골생태공원 → 메타세쿼이아길 → 숙박
	2일차	죽녹원 → 관방제림 → 한국대나무박물관 → 면앙정 → 송강정 → 창평슬로시티 → 명옥헌원림 → 식영정 → 한국가사문학관 → 소쇄원 → 독수정원림

담양읍권

죽녹원 / 죽녹원 시가문화촌 / 담양향교 / 관방제림 / 대담미술관
메타세쿼이아길 / 한국대나무박물관 / 대나무골테마공원

걸으면서 가장 풍요로운
생각을 얻게 되는 여행

죽녹원

관방제림

메타세쿼이아길

담양읍권에서 가장 먼저 찾아가볼 곳은 죽녹원이다. 대나무가 흔들리며 만들어내는 소리는 음악이 되고 그 사이로 흘러들어 오는 빛은 자연의 소리에 맞춰 춤을 춘다. 대숲 바람이 싱그러운 길을 걷다보면 어느새 몸도 마음도 가벼워진다. 또한 죽녹원 내에 위치한 시가문화촌에서는 담양의 역사와 문화를 한곳에서 체험할 수 있다.

죽녹원에서 나오면 바로 담양향교가 있다. 아이들과 함께하는 여행이라면 지나치지 말고 꼭 들러보자. 담양향교에서 발길을 돌려 조금만 걸어가면 예술적 감동이 꽃피는 대담미술관을 만날 수 있다. 이곳에서 징검다리를 건너가면 맛있는 국수가게들이 출출한 여행자들을 반겨준다. 대나무 평상 위에 앉아 맛있는 국수로 든든하게 속을 채웠다면 이제 관방제림을 걸어볼 차례다. 3백여 년이 넘는 나무들이 빼곡히 줄지어 서있는 길을 걸으면 담양이 역사 깊은 도시임을 느끼게 된다.

관방제림을 걸었다면 이제 전국에서 가장 아름다운길로 선정된 담양 메타세쿼이아길로 가보자. 메타세쿼이아가 만든 나무 터널길은 오래도록 추억할 사진을 찍기에 좋다. 시간 여유가 있다면 대나무의 모든 궁금증을 풀어줄 한국대나무박물관을 추천한다. 전국에서 유일한 대나무박물관으로 대나무의 모든 것을 한자리에서 보고 즐기며 이해할 수 있다.

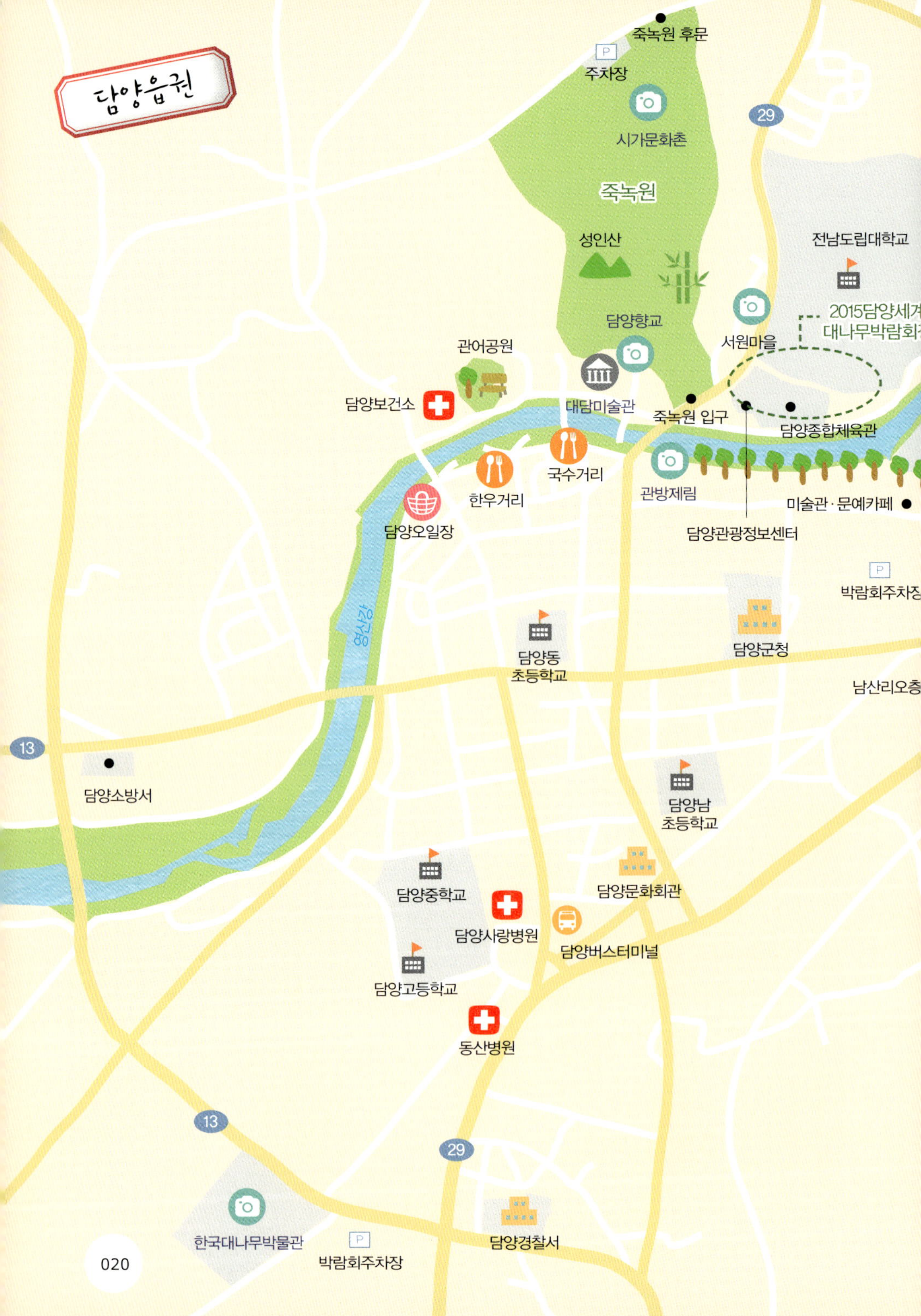

담양읍권
죽녹원 후문
주차장
시가문화촌
죽녹원
성인산
전남도립대학교
담양향교
서원마을
2015담양세계
대나무박람회
관어공원
대담미술관
죽녹원 입구
담양종합체육관
담양보건소
국수거리
한우거리
관방제림
미술관·문예카페
담양오일장
담양관광정보센터
박람회주차장
담양동
초등학교
담양군청
남산리오층
영산강
담양소방서
담양남
초등학교
담양중학교
담양문화회관
담양사랑병원
담양버스터미널
담양고등학교
동산병원
한국대나무박물관
박람회주차장
담양경찰서

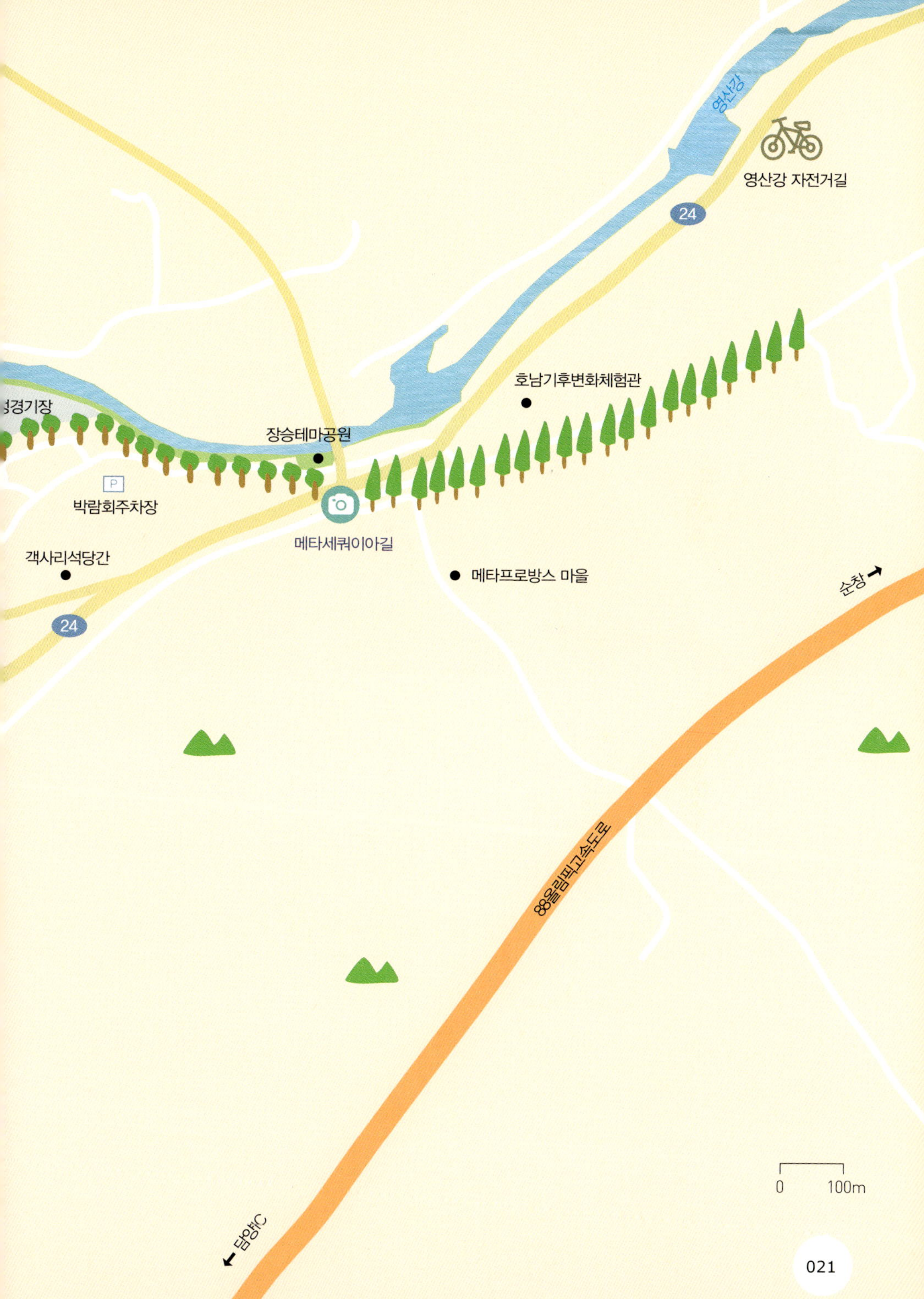

영산강
영산강 자전거길
24
호남기후변화체험관
장승테마공원
메타세쿼이아길
메타프로방스 마을
순창
박람회주차장
객사리석당간
24
88올림픽고속도로
담양C
0 100m
021

죽녹원

초록 바람이 싱그러운 대나무숲

사람은 자신이 살아가는 자연을 닮는다고 한다. 그래서일까 예로부터 대나무의 고장이었던 담양은 신기할 만큼 대나무처럼 대쪽 같은 절개를 지닌 선비가 많이 배출된 고을이다. 또한 예로부터 대나무로 만든 죽제품들은 명품 가방 못지않은 귀한 대접을 받았다고 한다. '호남인들은 대를 종이같이 다듬어서 청색과 홍색 등 여러 가지 물을 들여 옷상자 등으로 썼다. 그 옷상자는 호남에서도 담양이 가장 뛰어났다.'고 실학자 서유구의 《임원경제지(林園經濟志)》에 기록하고 있다.

이렇듯 담양은 오래전부터 대나무의 고장, 죽향(竹鄕)으로 널리 알려져 있었다. 그

러나 산업화가 진행되면서 플라스틱 제품이 생활 속 죽제품의 자리를 차지하였고, 중국과 동남아에서 값싼 대나무 제품이 밀려들면서 담양이 대나무의 고장이라는 명성은 빛을 잃어가게 되었다. 그러나 담양은 이러한 현실에 실망하지 않고 외부의 도전에 슬기롭게 대처했다.

2003년 5월 담양군이 앞장서 담양읍 향교리 언덕 341,981m²에 울창한 대나무숲을 조성하는 계획을 세운 것이다. 시작하는 과정에서 반대의 목소리도 높았지만 다시 대나무의 진가를 되찾으려는 노력은 시간이 가면서 큰 결실을 맺었다.

이제 죽녹원(竹綠苑)으로 몰려드는 관광객이 연간 150만 명이 넘는 대박 관광지가 된 것이다. 누구나 담양 하면 가장 먼저 가보고 싶어하는 곳이 바로 초록 바람이 싱그러운 대나무숲, 죽녹원이다.

시원한 죽림욕 즐기기

담양이 힐링여행으로 주목받고 있는 요즘, 담양 여행의 주인공인 죽녹원은 관방제림과 영산강의 시원(始源)인 담양천을 끼고 있는 향교를 지나면 바로 보이는 약 341,981m²의 울창한 대나무숲이다.

숲길을 걸으면 머리가 맑아지고 마음이 가벼워져 심신이 안정되는 삼림욕 경험을 누구나 한 번쯤은 가지고 있을 것이다. 그 삼림욕보다 더 효과가 있다는 죽림욕(竹林浴)에서 만나는 음이온은 혈액을 맑게 하고 면역력을 증가시키며 공기 정화력도 탁월하고 살균력도 아주 좋다. 살짝 비라도 내려주면 대나무와 물이 만나 음이온이 일반 숲보다 10배나 더 나온다고 한다. 대숲 사이로 부는 바람이 만드는 댓잎 스치는 소리는 이곳에서만 들어볼 수 있는 낭만적인 분위기를 연출해 죽녹원은 연인들이 가고 싶은 여행지로 입소문이 났다.

빽빽하게 자라난 대나무숲으로 걸어 들어가면 울창한 대나무에 햇빛이 가려 더욱 차분해진다. 흔들리는 대나무 사이로 들어오는 빛줄기는 초록색과 어우러져 신비로운 매력을 발산한다. 분죽, 왕대, 맹종죽 등 대나무로 이루어진 흔들리는 초록 세상은 마음까지 너울너울 춤추게 만든다.

머리가 맑아지고, 심신이 안정되는 죽림욕을 즐길 수 있는 죽녹원 산책로는 운수대통길, 사랑이 변치 않는 길, 죽마고우길, 철학자의 길 등 8가지 주제의 길이 있으며 총 길이는 2.4km이다. 그 밖에 생태전시관, 인공폭포, 생태연못, 야외공연장 등이 있으며 저녁에는 산책을 할 수 있도록 대숲에 조명이 켜져 더욱 아름다운 빛을 발한다.

대숲에 부는 맑은 바람

담양의 멋은 대나무로부터 시작한다. 예로부터 문인들의 사랑을 듬뿍 받은 대나무와 관련해서 수없이 많은 시(詩)가 전해온다.

고죽경(苦竹徑) _ 육희성(陸希聲)

산 앞에는 수많은 푸른 대나무
한 줄기 맑은 길은 오월에도 서늘하네.
세상에서 누가 대나무의 절개를 사랑했는가.
왕자유를 만나 자세히 물어보리라

당나라의 육희성(陸希聲)이 지은 〈고죽경(苦竹徑)〉이라는 시이다. 그는 대나무숲 길을 걸으면 언제나 맑고 깨끗하여 오월의 더위에도 서늘함을 칭송하면서 대나무의 두 마음이 없는 지조를 사랑했던 왕휘지를 만나 대나무의 절개를 자신만큼 사랑하였는가 물어보아야겠다고 대나무를 예찬하고 있다.

오래전부터 우리나라는 물론 중국의 학자들은 지조와 절개의 상징인 대나무숲길을 매우 좋아했다. 죽녹원 대나무길을 걸으며 대쪽 같은 선비의 마음을 미루어 짐작해보는 시를 소리내어 낭송해보는 것은 어떨까? 손맛, 입맛이 있다면 길에도 맛이 느껴지는 길맛이 있다. 대나무를 사랑했던 옛 문인들을 상상하며 시를 읽어본다면 죽녹원 여행의 길맛을 한층 돋울 수 있는 특별한 시간이 될 것이다.

또한 대숲길을 걸으며 우리 조상들이 더위를 다스렸던 죽부인을 생각해봐도 좋다. 이규보(李奎報)는《동국이상국집(東國李相國集)》에서 '죽부인(竹夫人)'을 매우 생생하고도 흥미롭게 묘사하고 있다.

대나무는 본래 남자에 비유하는 것이지

진실로 여자에 가깝지 않은 것인데.

어찌하여 침구로 만들어져서

억지로 부인이라는 이름이 되어버렸네.

나의 어깨와 다리를 괴어서 편안히 해주고

나의 이불 속에 들어와 친밀하게 되었네.

비록 남편을 공경하는 행위는 없으나

방 안에서 나만을 모시는 요행을 가졌네.

다리가 없으니 남에게 도망갈 염려도 없고,

말을 못하니 술 잘 먹는 나를 충고하지도 못하네.

고요한 것이 나에게는 가장 편한 것,

서시같이 아름다운 여자를 생각할 필요가 없다.

오늘날 한여름 더위를 피하기 위해 문을 닫고 에어컨을 켜는 것과 달리 더위를 다스렸던 조상들의 지혜는 멋이 넘친다. 낮에는 불볕더위를 막아주는 대발을 대청에 치고 바람이 위아래로 통하는 평상 위에서 부채를 부치면서 밤이 오면 모깃불을 지펴놓고 죽부인을 홑이불 속에 넣고 시원한 잠을 청했다.

자연을 거스르지 않고 조화를 이루며 살았던 선조들의 지혜와 멋을 오늘날에 다시

살려보는 것은 어떨까? 담양에 오면 언제든지 당신의 더위를 해결해줄 죽부인을
만날 수 있다.

죽녹원 8길(총 2,480m / 70분 소요)

제1길 운수대통길(460m, 소요 시간 14분)

운수대통에 동전이 들어갔다면 그 기를 모아 운수대통길을 걸으며 1년 좋을 운수를
10년으로 늘려보자. 곳곳에 놓여 있는 쉼터에 앉아 잠시 숨을 돌리고, 드라마 〈일
지매〉 촬영지에서 사진도 찍노라면 시원한 대숲 향기에 매료되어 정신이 알싸해
지는 신통방통한 길이다.

제2길 죽마고우길(150m, 소요 시간 4분)

친구와 함께라면 죽마고우길을 걸으며 오랜만에 마음속 진솔한 이야기를 나누어
보자. 좋은 친구의 소중함을 느껴볼 수 있는 우정의 길이 될 것이다.

제3길 샛길(100m, 소요 시간 2분)

운수대통길이 멀다면 샛길로 곧장 가도 좋다. 물론 사랑이 변치 않는 길을 걸어보
지 못해 아쉽지만 철학자의 길 입구에 있는 동상 앞에서 발걸음을 멈추고 사색에
잠기는 것도 운치 있다.

제4길 추억의 샛길(210m, 소요 시간 6분)

아련하게 사라져가는 추억의 책장을 살포시 열어보는 추억의 샛길을 걸어보자. 서
툴렀던 사랑 고백의 순간, 철없었던 방황의 시간 등 지나간 시간을 되돌아보면 자
연스레 입가에 미소가 번진다.

제5길 사랑이 변치 않는 길(630m, 소요 시간 20분)

사랑하는 사람과 함께 죽녹원을 찾았다면 사랑이 변치 않는 길을 함께 걸어보자.
두 손 꼭 잡고 대숲을 걸으며 시원하게 뻗어 올라간 대나무도 감상하고 폭포 앞에
서는 멋진 포즈로 추억의 사진을 찍어보자. 대나무와 폭포가 함께 만들어내는 음

이온의 영향으로 사랑하는 이가 가장 아름답게 보이는 길이라고 한다.

제6길 성인봉 둘레길(200m, 소요 시간 5분)

담양 사람들은 예로부터 담양향교 뒤쪽을 감싸고 있는 성인산이 공자의 인의예지신(仁義禮智信)을 뜻한다고 믿어왔다. 성인산을 오르며 올곧은 사람, 사람다운 사람, 남을 배려하는 사람, 자기 이익만을 바라지 않는 사람이 되라고 했던 공자님의 말씀을 되새겨보자.

제7길 철학자의 길(360m, 소요 시간 9분)

이 길을 걸을 때는 철학자처럼 잠시 눈을 감고 차분하게 인생을 생각해보자. 대숲의 맑은 바람이 여러 해 묵혀둔 스트레스를 날려주어 가벼운 마음이 된다.

제8길 선비의 길(370m, 소요 시간 10분)

옛 선비의 모습을 연상하며 직접 선비가 되어 천천히 걸어보자. 대나무의 굳고 곧음이 바로 숭고한 학문을 쌓은 학자를 상징하기 때문이다. 입시나 취업을 앞둔 수험생이라면 힘과 용기를 심어주는 이 길을 추천한다.

주소 전라남도 담양군 담양읍 죽녹원로 119
전화 061-380-2680
시간 09:00~19:00(연중무휴, 계절별 상이)
요금 어른 3,000원, 청소년 1,500원, 어린이 1,000원
홈페이지 http://juknokwon.go.kr
대중교통 담양버스터미널에서 311번, 60-1번 버스를 타고 죽녹원 정류장에서 하차(약 12분 소요), 길을 건너면 바로 죽녹원 입구 매표소이다.

죽림욕 즐기기

담양에서만 할 수 있는 죽림욕은 산림욕보다 훨씬 좋다고 한다. 담양에서 체험하는 죽림욕 효과는 첫째, 음이온이 많이 발생된다. 음이온은 혈액을 맑게 해주고 면역력도 증가시키며, 자율 신경계를 인체에 유익하게 조절하고, 공기 정화력도 탁월하고 살균력도 아주 좋다. 물론 음이온은 대나무숲뿐 아니라 일반 숲에서도 많이 발생되는데, 특히 물과 나무가 만나면 음이온이 보통 숲보다 10배나 더 많이 나온다고 한다.

둘째, 알파 상태로 만들어 준다. 명상과 같은 편안한 상태가 되면 우리의 뇌에서는 뇌파의 활동이 완화되고 알파파가 폭발적으로 생산되는데 이 상태를 알파 상태라고 한다. 죽녹원에 들어서는 순간 이미 우리는 심신이 편안해지는 알파 상태가 된다.

셋째, 산소가 많이 발생해 상쾌한 시원함을 느낄 수 있다. 대숲은 밖의 온도보다 4~7도 정도 낮다고 하는데 이는 산소 발생량이 높기 때문이다. 여름철 피서지로 바다나 계곡만 생각했다면 이제는 대나무숲으로 가보자.

대나무의 생태

대나무는 식물 분류학상 벼과에 속하며 나무와 전혀 다른 조직을 갖고 있다. 5월 중순부터 6월 중순에 걸쳐 죽순을 만들어내며 죽순 껍질에는 흑갈색 반점이 있다. 줄기의 높이는 20m에 달하나 추운 지방에서는 3m밖에 자라지 못한다.

대나무는 외떡잎 식물로 나이테가 없고 비대생장을 하지 않는다. 표면은 녹색에서 황록색으로 변하고 가지는 2~3개씩 나며, 잎은 3~7개씩 달린다. 길이는 10~20m, 너비는 12~20cm이다.

참고자료 :
《두산백과》, 《한국민족문화대백과》
《우리 생활 속의 나무》, 정헌관, 2008. 어목각

죽녹원 시가문화촌
한곳에서 만나는 담양의 역사와 문화

죽녹원 내에 위치한 시가문화촌에는 가사문화의 산실인 담양의 정자문화를 대표하는 소쇄원, 송강정, 면앙정 등의 정자가 재현되어 있으며, 소리 전수관인 우송당, 죽로차제다실, 한옥체험장 등이 있다. 이곳은 한곳에서 담양의 역사와 문화를 느끼고 체험할 수 있도록 담양군에서 조성한 문화역사 공간이다. 명창 박동실의 판소리 무대였던 '우송당'에서는 판소리 체험을, '죽로말차연구소'에서는 대나무 이슬만 먹고 자라는 담양 특산품 '죽로차' 다도 체험을 할 수 있다. 또한 7동의 한옥으로 구성된 '한옥체험장'은 객실을 갖추고 있어 연중 민박이 가능하다.

면앙정

면앙 송순(宋純, 1493~1582)은 중종 14년 (1519) 별시문과 급제 이후 나주목사, 한성부 윤, 의정부 우참찬 겸 춘추관사 등을 역임하였 다. 면앙정은 송순이 벼슬을 버리고 잠시 고향 에 머문 중종 28년(1533)에 처음 건립되었으 며, 송순은 이곳에서 면앙정 주변의 경치와 사 계절, 작가의 풍류 생활, 임금의 은혜에 감사하 는 내용을 담은 〈면앙정가〉를 지었다.

식영정은 조선 명종 15년(1560) 서하당 김성원이 장인인 석천 임억령을 위해 지은 정자로 소쇄원, 환벽당과 함께 '한 마을의 세 명승(一洞之三勝)'으로 일컬어진다. 송강 정철(鄭澈, 1536~1592)은 성산(별뫼) 일대의 자연 경관을 벗삼으며 〈성산별곡(星山別曲)〉을 지었다. 김성원, 임억령, 정철, 고경명을 '식영정사선(息影亭四仙)'이라 하며, '사선정(四仙亭)'으로 달리 부르기도 한다.

소쇄원은 기묘사화(1519)로 인해 은사인 정암 조광조가 능주로 유배되어 세상을 떠나자, 그의 제자였던 양산보(梁山甫, 1503~1557)가 출세의 뜻을 버리고 자연 속에서 살기 위해 고향에 내려와 꾸민 별서 정원이다. 광풍각은 '비갠 뒤 해가 뜨며 부는 청량한 바람'이라는 뜻으로 손님을 위한 사랑방 역할을 하였다.

정철이 선조 17년(1584) 대사헌 재직 시 동인의 탄핵을 받아 물러난 뒤 담양으로 돌아와 4년 동안 은거 생활을 하며 머물렀던 초막을 '죽록정(竹綠亭)'이라 하였다. 지금의 정자는 1770년 후손들이 그를 기리기 위해 세웠으며, 이때 이름을 송강정이라 고쳤다. 송강 정철은 임금에 버림받은 자신의 심정을 님과 이별한 여인의 심정으로 〈사미인곡〉, 〈속미인곡〉 등을 지었다.

현재 시가문화촌 내 송강정에서는 초암 박인수 훈장님을 만날 수 있다. 이곳에서 일상을 보내며 글씨를 쓰고 그림을 그리는 훈장님의 모습은 옛 선비들의 생활상을 그대로 보여주는 듯하다.

초암 박인수 훈장님

여름철 붉은 백일홍 물결로 유명한 명옥헌원림 내 정자로 위 아래 연못을 둘러싼 백일홍과 그 주변을 감싸고 있는 적송이 절묘한 조화를 이루고 있다. 정자의 주인 명곡 오희도(鳴希道, 1583~1623)는 조선의 인조가 왕위에 오르기 전 세 번 찾아왔을 정도로 인품과 학식이 뛰어났다. 계곡에 흐르는 물소리가 마치 '은쟁반에 옥구슬이 굴러가는 소리'와 같다 하여 명옥헌이라 하였다.

담양군은 조선중기 시조(時調), 가사(歌辭) 등의 국문학을 비롯하여 한시(漢詩) 등이 무수히 창작된 시가문학의 산실이다. 시비공원의 시비에는 면앙 송순, 하서 김인후, 송강 정철, 제봉 고경명 등 조선중기 당시 쟁쟁한 인물들의 주요 작품이 현재 왕성한 활동을 펼치고 있는 서예 작가들의 필체로 새겨져 있다.

우송당(소리전수관)

담양군은 새타령의 귀재 명창 이날치(李捺致), 창작 판소리의 대가 박동실(朴東實) 등이 태어나고 자란 판소리의 고장으로 널리 알려져 있다. 우송당(又松堂)은 박동실이 청년 시절 판소리를 익히고 배운 강학 장소로서 길이 보존하기 위해 이곳에 이전 복원하였다. 우송당은 국악 교육 전문 장소로서 남도 민요, 판소리, 풍물 등 국악 교육 프로그램을 운영해 자율적인 국악 체험의 기회를 제공하고 있다.

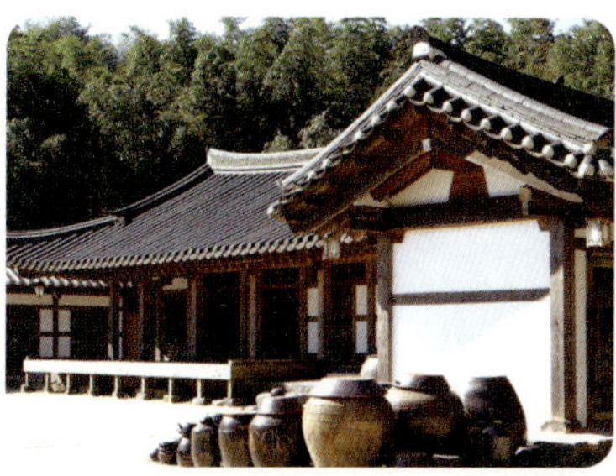

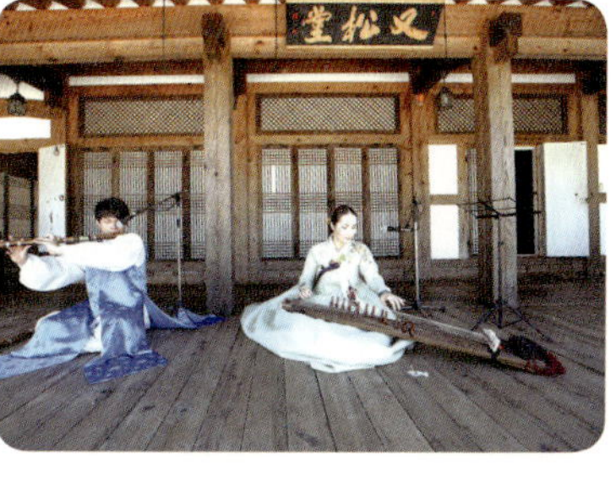

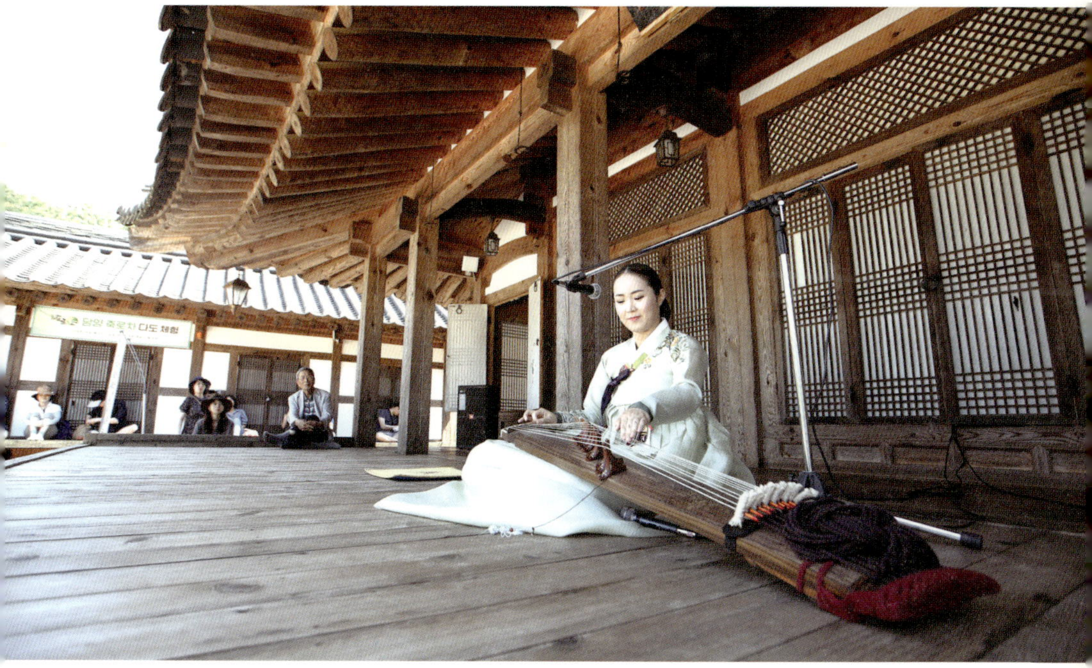

우리나라의 전통 가옥인 한옥(韓屋)은 온돌로 온 방안을 데워 추운 겨울을 나고, 대청이라는 마루를 두어 한여름을 시원하게 보낼 수 있는 특징이 있다. 시가문화촌에서는 근래 웰빙의 대표적인 주거 문화로 각광받고 있는 한옥에서 민박 체험을 할 수 있다.

죽로차(竹露茶)는 대나무 이슬을 머금고 자란 차나무에서 딴 찻잎으로 만든 한국 전통차로서, 이곳에서는 죽로차 제조 및 시음을 해볼 수 있다. 죽로차는 그늘에 있기 때문에 잎이 연하고 부드러우며, 차의 감칠맛과 흥분을 가라앉히는 진정 작용을 하는 데아닌(theanine)이라는 아미노산 성분이 많이 함유되어 있다.

위치 죽녹원 내에 위치

담양향교

조선시대 백년지대계

죽녹원에서 나오면 선비정신이 살아 있는 담양향교가 있다. 고즈넉한 향교에 들어서면 드라마에서나 보았던 고색창연한 모습이 눈앞에 펼쳐지고 이곳에서 공부했을 젊은 선비들의 모습을 상상하게 된다.

조선시대 선비들은 모이면 당쟁만을 일삼아 결국 나라를 망하게 했다는 오해가 있는데, 그것은 일제강점기 식민 교육의 영향으로 우리 민족의 자존감을 한없이 깎아내리려 했던 일본의 왜곡된 역사관의 결과이다. 또한 TV 드라마 사극 속에 등장하는 사리사욕으로 눈먼 양반들을 보며 우리는 부지불식(不知不識)중에 갓 쓰고

"

도포자락 휘날리는 양반의 모습을 선비로 착각하기도 한다.

그러나 우리 선조들이 추구했던 선비란 단순히 학식이 많거나 높은 관직에 오른 권력가가 아니고 성품이 올곧은 사람, 사람다운 사람, 남을 배려하는 사람, 자기 이익만을 바라지 않는 사람이었다. '선비'라는 말의 어원을 찾아보면 세종대왕이 한글을 창제하면서 만든 《용비어천가》에 최초로 등장한 순우리말로 '어질고 지식이 있는 사람'을 뜻한다.

마음 공부를 중요시했던 선비정신

'선비정신'이란 선비의 마음을 의미하는데, 선비들은 하루를 보낸 후 자신의 마음을 다스리기 위해 매일 세 가지를 반성하는 명상의 시간을 가졌다고 한다. 첫째, 다

명륜당

른 사람을 위하여 어떤 일을 도모할 때 진심을 다했는지 반성한다. 둘째, 친구와 더불어 사귈 때 믿음을 주지 못했는지를 반성한다. 셋째, 스승에게 전수 받은 것을 제대로 익혔는지 반성한다. 이는 자신과 친구 그리고 다른 사람들에 대한 반성이었다. 선비는 종이책으로 하는 공부보다 마음 공부를 더 중요시했다. 선비란 '아는 것을 실천하는 사람'을 말하는 것으로 머리 공부뿐 아니라 몸 공부의 중요성도 강조하였다. 선비의 하루를 살펴보면 매우 규칙적이고 성실하게 이루어져 있음을 알 수 있다. 또한 그림을 그리며 몸과 마음을 수양하고 자연을 통해 순리를 배우며 놀 때에도 예절을 지키고 올바른 자세와 공정한 법칙을 적용했다. 그들의 활동 중 가장 많은 부분이 독서였으며 몸과 마음을 건강하게 유지하기 위해 늘 자신을 돌아보는 명상과 산책을 즐겼다. 스스로 자신의 시간과 삶을 통제할 수 있었던 선비의 모습은 물질이 정신을 갉아먹는 이 시대에 큰 가르침을 준다.

돈 걱정 없이 공부에만 전념했던 조선의 학생들, 교육은 국가의 백년지대계(百年之大計)를 실천한 조선

역사적으로 살펴보면 우리 민족은 매우 오래전부터 교육을 중요시했고 따라서 학문의 수준이 주변 국가들이 감탄하고 존경할 만큼 높았음을 알 수 있다. 고구려의 태학박사, 백제의 오경박사, 신라 거칠부의 국사 편찬 등은 당시 한문학이 얼마나

홍학비

발전했는지를 보여준다. 고구려 소수림왕 2년(372)의 태학(太學) 설립은 유교적 교육의 효시가 되었고 경당 설립은 지방 교육의 최초 기록이다. 고려의 국학은 조선 태조부터 성종 11년(992)까지는 경학(京學)으로, 성종 11년부터는 국자감(國子監)으로 명칭이 바뀐다. 국자감은 나라의 아들 즉, 동량(棟梁)을 키운다는 의미로 이후 성균관으로 이름이 바뀌어 조선까지 이르게 된다.

조선을 건국한 태조는 교육을 매우 중요시한 왕으로 국가에서는 각 군현에 향교를 세우고 교사인 박사들을 파견하고 향교 운영에 필요한 비용을 제공하였다. 따라서 향교의 운영 및 학생들의 교육에 드는 비용을 모두 국가에서 부담하는 것이 원칙이었고, 향교의 봄가을 석전제 등 제례비용까지 제공하였다. 학생들에게는 군역 면제와 과거응시 기회가 주어졌으며 당시 16세부터 40세까지 다양한 연령대가 향교에 기숙하면서 함께 공부를 했다. 조선시대 공부를 하는 학생들은 교육비는 물론이고 기숙사 등 모든 비용이 국비로 제공되어 돈 걱정 없이 공부에만 전념했고 군대도 면제되는 존중을 받았다. 조선의 왕들은 교육이 국가의 백년지대계(百年之大計)임을 인식하고 실천했던 것이다.

우리나라 각 고을마다 있는 향교의 이해

향교(鄕校)란 조선시대 국가에서 세운 교육기관이다. 국가에서 세운 교육기관으

로는 조선시대 수도였던 한양(漢陽)의 성균관과 지방의 향교로 나누어진다. 국가에서 세운 교육기관을 관학(官學)이라고 하는데 각 지방에 관학이 세워진 것은 고려시대부터였다. 고려시대에는 삼경(三京)고려시대 세 곳의 서울 중경(中京), 서경(西京), 동경(東京)과 12목(牧)고려시대 때 설치한 비방 행정 조직이라고 하는 군현(郡縣)에 박사와 교수를 보내어 교육을 하였는데 이것이 관학의 시초이자 우리나라 향교의 출발이라고 할 수 있다. 고려시대에 관학을 세운 목적은 지방의 인재들을 양성해 강한 나라를 만들기 위한 것이었다.

향교에 대한 중국의 기록을 살펴보면 《춘추좌전(春秋左傳)》 양공(襄公) 31년에 '정나라 사람들이 향교(鄕校)에서 교유하여 정치하는 일에 대해 논의하였다.(鄭人游干鄕校, 以論執政)'라는 말이 나온다. 따라서 향교라는 말은 중국의 춘추시대 공자가 살기 이전부터 쓰였던 개념임을 알 수 있다. 우리나라에서 초기 향교는 직접적으로 '향교'를 언급한 단어는 발견되지 않았지만 《고려사절요(高麗史節要)》의 기록에 왕이 지방에 행차해 학교를 세웠다는 기록이 남아 있다. 실제 향교라는 말이 나오는 기록은 《고려사(高麗史)》 인종 20년(1142)에 '지방에 있는 생도들은 각기 계수관(界首官) 향교에서 부시를 증명하도록 하였다.'라는 문장에 등장한다. 따라서 고려 인종 때부터 오늘날의 향교가 만들어졌음을 알 수 있다.

> 《춘추좌전(春秋左傳)》 : 중국 춘추시대 노(魯)나라를 무대로 노은공 원년(기원전 722년)부터 노애공 72년(기원전 468년)까지를 담고 있는 것으로, 공자가 저술한 《춘추》에 '좌(左)구멍이 전(前)을 달았다'라는 뜻인 《춘추좌전(春秋左傳)》은 간략하고 난해한 표현으로 이루어져 있는 〈춘추〉를 해석한 책이다.

담양향교의 시작

고려에서 조선시대로 넘어오면서 향교에 대한 관심과 지원이 강화되었다. 조선을 건국한 태조는 학교의 흥폐로 해당 지역 수령을 평가하는 기준으로 삼았을 정도로 지방 교육에 비중을 두었고 태조 7년(1398)에 이르러서는 중앙에 성균관을 세우고 지방에는 향교 설치를 적극 장려한다. 이때 담양향교도 창건되었다. 고려 충혜왕 때 설립되었다는 설도 있으나, 《담양향교지》에 의하면 본격적인 건물 창건은 조선 태조 7년(1398)에 세워졌다고 전하고 있다. 그 후 정조 18년(1794) 부사 이헌유가 다시 세웠고, 순조 7년(1807)에 부사 안정헌이 고쳐 지어 오늘에 이르고 있다. 《동국여지승람(東國輿地勝覽)》이 나온 성종 17년(1488)에는 전국에 일읍일교(一邑一校)의 체계를 갖추게 된다.

향교는 조선시대에 매우 활성화된 국립 학교로 중종 25년(1530)에 간행된 《신증동국여지승람》을 보면 전국에 329개소의 향교가 있었다고 한다. 당시 향교의 기능은 문묘(文廟) 선현봉사(先賢奉祀), 강학(講學), 교화(敎化)였다.

첫 번째 기능은 공자와 선현들에게 배향하는 것으로, 문묘(文廟)란 문선왕묘(文宣王廟)로 문선왕(文宣王)은 공자(孔子)를 의미한다. 따라서 향교에서는 대성전(大成殿)이 없으면 향교의 개념에 들어가지 못한다. 두 번째 기능인 강학(講學) 공간

에는 명륜당(明倫堂)이 있는데, 이것은 '사람의 윤리를 밝히는 집'이라는 의미이
다. 주로 학생들이 공부를 하거나 토론을 하는 장소로 이용했다. 명륜당을 중심으
로 양옆에 학생들의 기숙사인 동재(同齋)와 서재(西齋)가 있다. 공부에 전념하기
위해 학생들은 기숙사 생활을 했는데 보통 선배가 동재 생활을 하고 후배는 서재
에서 생활했다. 세 번째 기능은 교화(敎化)였는데, 지방의 풍속을 바로잡고 유교적
이념에 입각한 지역 사회의 교화에 향교가 많은 역할을 하였다.

대성전(大成殿) : 배향 공간인 묘(廟)를 대성전(大成殿)이라고 부르는데, 이는 성인 공자에게 당나라 현
종이 문선왕이라는 시호를 내려 왕으로 대접했기 때문이다. 따라서 대성전의 '전(殿)'은 '궁전'을 뜻하지
만 '큰 성인 공자를 모신 궁전'이라는 뜻으로 사용되고 있는 용어이다. 이곳에는 공자의 위패를 비롯하
여 중국의 사성이라고 하는 네 명의 성인과 우리나라 18명의 현인들 위패가 모셔져 있다. 대성전을 중
심으로 양옆에는 제자들과 현인들의 위폐가 모셔져 있는 동무(東廡)와 서무(西廡)가 자리 잡고 있는데
무(廡)는 '궁전보다 작은 집'을 의미한다.

향교의 입지는 교육의 기능이 중요시되었기 때문에 조용하고 접근이 쉽지 않으며
자연 풍광이 좋은 지역에 자리를 잡아 건축했다. 보통 고을을 약간 벗어난 배산임
수의 명당에 위치하는데, 주로 관부(官府)를 중심으로 읍성 밖의 한적한 구릉지에
배치되었다. 관부와의 거리는 1~3리(0.4k~1.2km) 정도의 가까운 거리에 위치했
다. 우리나라 향교 배치의 정형은 문묘인 대성전이 배치의 처음에 나타나고 강학
기능이 뒤에 배치되는 전묘후학(前廟後學)이다. 이때 배치의 개념은 전(前)－후
(後)의 유교 질서이며 평지에서의 배치 수법이었다. 경사지에는 전학후묘(前學後
廟)의 배치로 변형을 했다. 전학후묘는 강학(講學) 기능의 명륜당이 배치의 처음
에 나타나고 문묘인 대성전이 명륜당 뒤에 배치된다. 경사진 곳에서는 위쪽에 중
요한 가치가 있다 여기는 상(上)－하(下)의 유교 질서가 표현되고 있는 것이다.
담양향교가 위치한 곳은 경사가 심한 관계로 전학후묘(前學後廟)의 배치를 하고
있다. 지형을 5단으로 정리하여 남북방향으로 외삼문(外三門), 명륜당(明倫堂),
내삼문(內三門), 대성전(大成殿)순으로 건축했으며 동·서무(東·西廡)는 좌
우 대칭을 하고 있다. 그밖에 서재(西齋), 고직사(庫直舍) 등이 있으며 외삼문 밖

담양향교의 전학후묘의 배치

150여m 거리에 하마비(下馬碑)가 있으나 홍살문은 없다. 동재, 육영재, 사마재, 전사청 등은 고종 31년(1894) 이후에 허물어져 없어졌다.

> 하마비(下馬碑) : 그 앞을 지날 때에는 신분의 고하(高下)를 막론하고 누구나 타고 가던 말에서 내리라는 뜻을 새긴 석비(石碑).
>
> 홍살문 : 능(陵), 원(園), 묘(廟), 대궐, 관아(官衙) 따위의 정면에 세우는 붉은 칠을 한 문(門). 둥근기둥 두 개를 세우고 그 사이 상단에 지붕 없이 붉은 살을 세운다.

솟을대문인 내삼문 좌우에는 200여 년 된 은행나무가 있다. 향교에 들어서면 어느 지역이나 잘 보이는 곳에 은행나무가 있다. 그 이유는 행목(杏木)이 유학자를 상징하는 나무이기 때문인데, 여기서 행(杏)이라 하면 은행나무와 살구나무를 지칭하는 한자이다. 행단은 공자가 제자들을 가르치던 중국 산동성 곡부현의 성묘 내 유적에서 연유하여 '선비가 머물며 공부하는 곳'이라는 별칭이 되었다.

향교 건축은 각 지방마다 지역의 특성이 고려된 개성 있는 건축이 아니라 어느 지역이나 비슷한 모습의 배치와 평면 형식을 나타내는데, 이는 향교가 국가기관의 건축이었기 때문이다.

참고자료
《한국의 향교》, 김호일, 대원사, 2000
《한국의 향교 건축》, 문화재관리국, 1998
《한국의 옛조경》, 정재훈, 대원사, 2007

주소 전라남도 담양군 담양읍 향교길 19
전화 061-382-0814
대중교통 담양버스터미널에서 버스를 타고 311번, 60-1번을 타고 죽녹원 정류장에서 하차(약 14분 소요), 죽녹원 입구 왼편으로 난 길을 따라 가다 첫 번째 갈림길에서 우측으로 50m 안쪽으로 들어가면 있다(도보 약 3분 소요).

조선시대의 교육기관

조선시대의 교육기관으로는 중앙에 문과를 준비하는 고등 교육기관인 성균관과 문과 예비 시험인 생원과 진사시를 준비하는 초중등 교육기관에 해당하는 중앙의 사학(四學)과 지방의 향교를 관학(官學)으로 육성하였고 사학으로는 서원(書院)과 서당(書堂)이 있었다.

'유림'이란?

'유림(儒林)'이란 《유교대사전》에 따르면 '유자(儒者)의 무리'로서 사마천의 《사기》, 《유림열전》에 언급된 이후에 통용되기 시작했으며, 대체로 '유학을 연구하는 학자군'을 의미한다.

한편 '유자(儒者)'에 대해서는 《맹자》에서 처음 나타나는 말로서 '공맹의 학문을 연마하고 그 교의를 준봉(遵奉)하는 사람들의 범칭'으로서, '유사(儒士) · 유생(儒生) · 유림(儒林)' 등이 모두 이 속에 포함된다. 즉 유사 · 유생 · 유림이 모두 공맹의 가르침을 배우고 실천한다는 공통점을 가지고 있으면서도 '유사'는 어느 정도 완숙된 지식인, '유생'은 배움의 과정에 있는 사람, '유림'은 그 집단을 가리키는 데 비해 '유자'는 그 의미를 모두 내포하고 있다.

참고자료 :
《유교대사전》, 유교편찬위원회, 1990, 박영사
《향교 서원 해설 여유지기 길잡이》, 김상태 외, 2013, 문화체육관광부

관방제림(官防堤林)

보면 볼수록 마음이 가는 풍경

관방제림에는 아무리 봐도 질리지 않는 잔잔한 풍경이 있다. 혼이 빼앗길 만큼 화려한 여행지는 아니지만 보면 볼수록 마음이 가는 포근한 길이 언제나 고향처럼 기다리고 있다. 강물을 따라 빽빽한 나무숲 사이를 걷다보면 3백 살이 넘는 나무들이 엉킨 마음을 저절로 풀어준다. 오랜 시간 같은 자리를 지켜온 나무들을 시간을 두고 하나하나 찬찬히 살펴보자. 언뜻 보기에는 모두 같은 듯하지만 하나도 같은 나무는 없다.

관방제림과 같은 좋은 숲길을 오래 바라보는 것만으로도 사람은 충분히 행복할 수

있다. 길을 걷던 발을 멈추고 서서 나뭇잎 사이로 푸른 하늘을 보자. 문득 '걸으면서 가장 풍요로운 생각을 얻게 되었다'는 덴마크의 철학자 키르케고르의 말이 떠올랐다. 관방제림을 여행하려면 반드시 충분한 시간을 마음에 담아와야 제대로 느낄 수 있다.

인생을 즐길 줄 아는 사람은 자연의 시간을 이해하려는 순수한 사람이라고 했다. 바쁘게 서두르다보면 우리는 진짜 중요한 것들을 놓치게 된다. 심부재언 시이불견 청이불문 식이부지기미(心不在焉 視而不見 聽而不聞 食而不知其味)라는 노자의 말은 '사람의 마음이 그곳에 머물지 않으면 보고 있지만 보지 못하고, 들어도 들리지 않으며, 먹어도 그 맛을 모른다.'는 가르침을 준다.

수해에서 벗어나게 하기 위해 만든 제방

예로부터 사람들은 강변을 끼고 햇볕이 잘 들어오는 양지바른 곳에 마을을 형성해 살았다. 담양 역시 담양천을 중심으로 마을을 이루고 살았는데 담양 지역은 비가 많이 내리는 곳이라 해마다 여름이면 장마와 폭우로 홍수 피해가 심각했다. 갓난아기 어루만지듯 백성을 어여삐 돌봤던 담양부사 성이성(成以性)은 부임한 후 영산강 최상류에 위치한 담양천이 범람하는 자연재해로부터 백성의 목숨을 구하기로 결심했다. 쉬운 공사는 아니었지만 조선 인조 28년(1648)부터 해마다 정성을 다해 둑을 높이 쌓고 나무를 심어 지력을 보강했다. 이후 철종 5년(1854년) 황종림(黃鍾林) 부사가 제방을 다시 보수하면서 관방제림(官防堤林)이 완성되었다.

자연을 거스르지 않으면서 인간을 이롭게 만드는 인공숲 관방제림이 만들어질 당시를 기록한 문헌자료를 살펴보면 조선 영조 32년(1756) 당시 담양부사 이석희(李錫禧)가 편찬한 《추성지(秋成誌)》에는 관방제림에 관해 다음과 같이 적고 있다.

"북천은 용천산에서 흘러내려 담양부의 북쪽2리를 지나며 창일하여 해마다 홍수가 져서 담양부와의 사이에 있는 60여 호를 휘몰아 사상자가 나오므로 부사 성이성(成以性, 1648. 7.~1650. 1.)이 법을 만들어 매년 봄에 인근 백성을 출역시켜 제방을 쌓아 이 수해에서 벗어나게 했다."

관비(官費), 즉 나랏돈으로 만든 담양 관방제는 담양읍 남산리 동정자 마을로부터 수북면 황금리를 지나 대전면 강의리까지 총 6km이며 그 구간 중에 약 2km에 심어진 나무들이 숲을 이루면서 오늘날 '관방제림'이라 부르게 되었다. 현재 총 약 5만여m²의 면적에 나이 300년 내외에 줄기 둘레가 1~3m 정도인 나무들이 제방을 따라 빼곡하게 자라 숲을 이루고 있다. 그 풍경이 아름다워 1991년 11월 27일에는 천연기념물 제366호로 지정되었으며, 2004년에는 산림청이 주최한 '제5회 아름다운 숲 전국 대회'에서 대상을 수상했다. 천연기념물로 지정된 관방제림에서 볼 수 있는 나무의 종류는 푸조나무, 느티나무, 팽나무, 벚나무, 개서어나무, 곰의말채나무, 엄나무 등 176그루이다.

관방제림을 만든 성이성 부사는 어떤 사람이었을까?

관방제림을 축조한 지 무려 367년이 지난 오늘날까지 담양 지역은 그동안 수많은 태풍과 홍수가 있었지만 제방은 끄떡없어 담양 사람들에게 홍수의 걱정을 잊게 해 주고 있다. 그렇다면 이렇게 튼튼하고도 아름다운 숲 관방제림을 만든 성이성 부사는 어떤 사람이었을까?

담양부사를 지낸 성이성은 《춘향전》에 나오는 이몽룡의 실제 주인공이라고 한다. 성이성은 경북 봉화 출생으로 남원부사로 부임한 아버지 성안의를 따라 어린 시절(1606~1611)을 남원에서 보냈으며 이 시기 춘향을 만나 지극한 사랑을 하게 되지만 곧 헤어지게 된다. 장원급제를 하고 암행어사가 되어 영남 · 호서 · 호남을 거치는데 이때 남원의 춘향이를 찾았지만 이미 죽고 없었다고 한다. 성이성 부사의 행적을 기록한 일지를 보면 '조선 인조 25년(1647) 남원 광한루를 방문하자 늙은 기생 여진(춘향의 엄마)이 맞이하였으며 소년 시절을 회상하고 밤이 깊도록 잠을 이루지 못했다고 적고 있다.

어사로서 탐관오리를 탄핵해 공적을 세우고 담양부사, 춘추관 편수관, 진주목사 등을 역임했지만 청렴을 생명으로 여기고 어려운 사람들에게 아낌없이 도움을 주던 그는 안타깝게도 말년에 가세가 기울어 사는 집이 비바람을 가리지 못할 지경이었다고 한다. 그럼에도 평생 동안 법을 준수해 누구도 감히 그에게 사사로운

청탁을 하지 못했다고 한다. 1664년 70세로 눈을 감은 뒤 관직에 있는 동안 근검 청빈함에 이름이 높았기에 숙종 21년(1695) 청백리(淸白吏)에 선정되었다. 성이 성이 진주목사로 부임했을 때의 선정을 기리기 위해 세운 비 성이성 선정비(成以性善政碑)는 지금도 진주성 안에 가면 찾아볼 수 있다.

> 청백리(淸白吏) : 조선시대에 이품 이상의 당상관과 사헌부 · 사간원의 수직(首職)들이 추천하여 뽑던 청렴한 벼슬아치.

주소 전라남도 담양군 담양읍 객사7길 37
시간 제한 없음(연중무휴)
대중 교통 담양버스터미널에서 311번, 60-1번을 타고 향교다리에서 하차하면 바로(약 14분 소요).

《춘향전》과 담양부사 '성이성'

담양 관방제림을 만들어 수해를 막아낸 담양부사 성이성(成以性, 1595~1664)은 춘향전에 나오는 이몽룡의 실제 주인공임이 밝혀졌다. 성이성의 13세손 성기호(74세) 씨가 간직한 유물 700여 점 중에 '어사화(御史花)'가 나왔는데 이는 급제한 성이성이 임금으로부터 받은 꽃이었다.

또한 임금의 명을 받아 교서를 지었다는 《계서유고(溪西遺稿)》, 중국 사신으로 다녀온 기행문인 《연행일기(燕行日記)》, 암행어사의 행적 기록인 《호남암행록(湖南暗行錄)》을 근거로 성이성이 이몽룡의 실제 주인공임이 확인되었다. 그는 관직에 있는 동안 근검청빈함에 이름이 높아 숙종 21년(1695)에 청백리에 녹선되었다. 조선시대 대표적인 청백리였던 성이성은 《춘향전》의 주인공인 이몽룡의 실존 인물로 전해지면서, 담양에서는 그의 청렴했던 정신 문화를 본받는 사업을 널리 알리고자 계획 중에 있다.

참고자료 :
《문화콘텐츠닷컴(문화원형 용어사전)》, 2012. 한국콘텐츠진흥원

대담미술관

예술적 감동이 꽃피는 복합 문화공간

강과 숲이 어우러진 관방제림을 산책하다가 국수거리에서 맛있는 국수를 호로록 먹으면서 맞은편 강 건너에 위치한 특이한 건축물을 발견했다. 영산강 상류인 관방천 징검다리를 폴짝폴짝 건너 호기심 가득한 마음으로 달려가보니 그곳은 미술관이었다. 처음 만나는 미술관은 마치 판도라의 상자를 열 때처럼 설렘이 있어 기분 좋아진다. 미술관은 길 위에서 눈으로 볼 수 있는 것 이외에 그 지역의 문화 감각을 읽을 수 있는 키워드를 가지고 있기 때문이다.

대담미술관을 처음 만났을 때는 노랑 은행잎이 햇살과 어울려 황금처럼 빛나는 게

절이었다. 첫 만남 이후 대담미술관은 담양에 올 때마다 항상 빠지지 않고 들르는 필수 코스가 되었다.

대담미술관은 2010년 6월 20일 개관하여 9월 30일 전라남도 14호 미술관으로 등록되었다. '아트센터 대담'이라는 복합 문화공간은 갤러리와 카페, 그리고 뒤뜰 마당에 오래된 집을 그대로 살린 감나무집과 은행나무집을 민박으로 운영하고 있고 본관 2층으로 올라가면 특별한 프라이빗 룸이 있다. 대담미술관을 설립한 취지는 문화적 혜택으로부터 소외받은 지역 작가들을 지원하여 독자적 전시공간을 확보하고, 국제 교류전 등을 개최하는 등 다양한 문화활동을 지원하기 위해서라고 한다.

'함께 느껴요 Eco Life'라는 캐치프레이즈를 바탕으로 갤러리에서는 현대미술전과

국제미술교류전 등의 전시회가 개최되고 미술뿐 아니라 음악회 등 다양한 프로그램들을 준비해 일상생활에서 문화를 즐길 수 있는 복합 문화공간으로서의 역할을 하고 있다. 대담미술관에서는 최근 '대나무와 소금의 만남展'을 개최하여 담양과 신안의 지역 주민들이 작업한 아트 타일 작품을 전시해 지역 간 문화예술 교류를 시도했고 레지던스 프로그램을 진행하면서 국제 교류의 범위를 한국·대만·일본 등으로 확장하고 아시아 미술의 트렌드와 발전 방향을 적극적으로 제시하고 있다. 세계적인 현대 미술의 흐름을 파악할 수 있는 다양한 전시를 통해 지역 주민들에게 국제 수준의 관람 기회를 제공하고 있다. 대담미술관은 짧은 역사를 가지고 있지만 자연, 사람, 문화, 예술이 조화롭게 공존하는 복합 문화공간으로 예술적 감동이 꽃피는 명소로 자리매김하고 있는 중이다.

감나무집과 은행나무집에서의 하루

대담미술관에는 미술관 안에 있는 숙박시설에 머물며 일상생활 속 예술을 체험할 수 있는 아트 체험 민박이 마련되어 있다. 멋진 현대식 건물인 대담미술관 뒤뜰로 나오면 뜻밖에 오래된 작은 집과 정원이 보인다.

누가 사는 곳일까 궁금해지는 이 집은 집 앞에 감나무가 있어서 자연스레 이름이 '감나무집'이 되었다. 가을이 되면 감이 주렁주렁 열리는 것을 볼 수 있다. 옛집을 허물지 않고, 뼈대와 구조를 그대로 보존해 겉모습은 예전 그대로 살리면서 내부는 깔끔하게 수리했다. 바닥은 천연 황토를 바르고, 천장에는 대나무 채상장얇게 저며 낸 대나무 껍질에 천연염색을 들여, 다채로운 무늬로 고리 등을 엮어 내는 우리 전통의 장인 기술을 이용해 재미 있는 볼거리를 제공한다. 감나무집에서 하루를 묵게 된다면, 날씨가 맑은 날은 밝은 햇살이 방안에 가득 들어와 그 느낌을 즐길 수 있고 비오는 날에는 빗소리를 들으며 운치 있는 하루를 보낼 수 있다. 집안에는 백남준과 베니스 비엔날레에서 주목을 받은 이영학의 드로잉이 전시되어 있다. 침구로 준비된 옛날 색동 이불은 아이들보다는 어른들이 더 좋아하는 추억의 이불로 사라져가는 옛 모습을 이곳 감나무집에서 찾아볼 수 있다.

아트 체험 민박을 하면 무료로 미술관의 아트 체험 중 한 가지를 선택해 체험할 수 있다. 감나무집 옆에 위치한 은행나무집은 전통미에 현대적 미감을 덧붙인 퓨전 스타일 공간이다. 창을 통해 대나무 마을의 고즈넉함을 즐길 수 있는 최적의 공간으로 대담미술관의 국내외 레지던시 작가들의 숙식 공간으로 활용되며 해외 레지던시 작가들의 숙식을 통해 한국의 작은 시골마을 담양의 향수를 국제적으로 알릴 수 있는 취지로 활용되고 있다.

그밖에 숙소로는 미술관 본건물 2층에 마련된 프라이빗 룸이 있다. 현대적 라이프 스타일을 추구하면서도 전통적 장식품이 설치된 세련된 공간으로 와인바, 세미나실, 야외테라스, 침실, 욕실로 꾸며져 있고 간단한 조식과 더불어 아트 체험을 무료로 할 수 있다.

주소 전라남도 담양군 담양읍 언골길 5-4

전화 061-381-0081

이용 시간 미술관 09:00~23:00 / 카페 10:00~23:00

입장료 무료

홈페이지 http://www.daedam.kr

대중교통 담양버스터미널에서 311번, 60-1번을 타고 향교다리에서 하차(약 14분 소요), 길을 건너면 바로 나오는 국수거리의 맞은편 담양천 건너편에 있다(도보 약 4분 소요).

메타세쿼이아길

'그 길을 가는 시간만큼은 담양의 메타세쿼이아길을 걷는 여름날처럼 행복하기를……. 그렇게 행복을 느낄 줄 아는 힘을 길러 보자.' 박성원 작가의 《걷기 여행》 중에 나오는 글이다. 작가는 복잡한 마음으로 감정 시스템이 고장 날 때마다 메타세쿼이아길에서의 행복했던 순간을 기억해 힘을 내라고 용기를 주고 있다. 감성 충만한 작가가 아니더라도 담양의 메타세쿼이아길을 걸었던 추억은 누구에게나 오래오래 사람들을 행복하게 해준다. 그래서 한 번 왔던 사람은 그 장면을 잊지 못해 그리움으로 시간을 보내다가 다시 찾아온다.

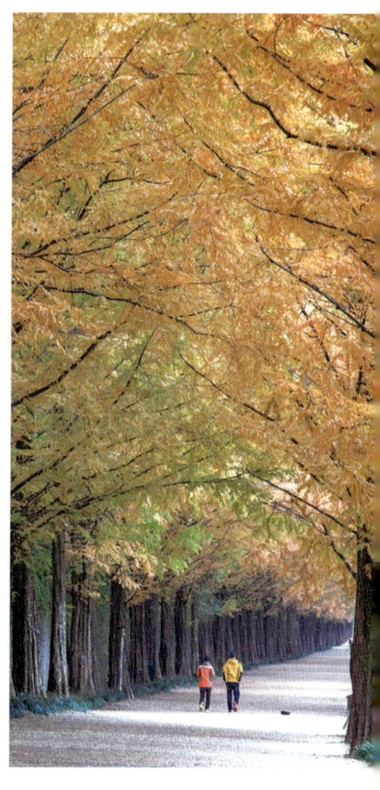

메타세쿼이아길을 처음 찾은 계절은 봄이었는데 다시 찾은 계절이 여름이나 가을 심지어 추운 바람이 불어대는 겨울일지라도 결코 실망을 주는 계절은 없다. 사진 찍기를 좋아하는 사람들 사이에서는 메타세쿼이아길이 출사지로도 유명한데 직선 구간, 곡선 구간 등 서있는 각도에 따라 길의 표정이 달라 다양한 느낌을 담을 수 있기 때문이다. 해가 떠오르는 순간이나 햇살이 부드러운 오후 등 빛에 따라서도 달라져 하루 종일 메타세쿼이아길만 찍어도 재미있다. 사진 전문가가 아니어도 메타세쿼이아길에서의 사진 찍기는 누구나 신이 난다.

 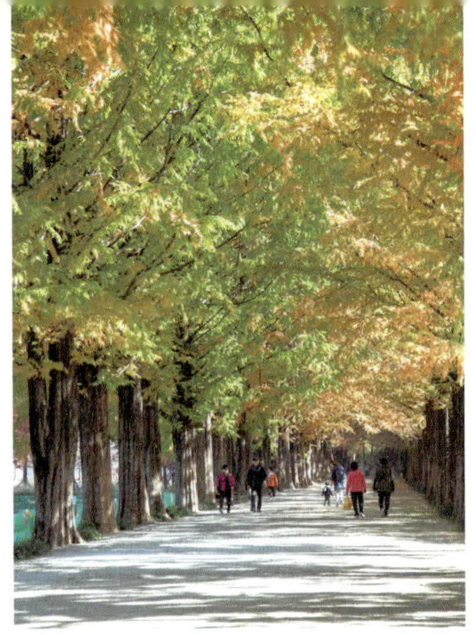

친황경 생태로드로 거듭난 담양 메타세쿼이아길

담양 메타세쿼이아길은 정부 방침으로 실시된 전국 가로수 조성 사업이 한창이던 1972년에 조성되었다. 담양군은 담양읍을 정점으로 12개 읍면으로 연결되는 도로와 지방도, 국지도, 군도 등 거의 모든 노선 총 50km에 약 5천 그루의 메타세쿼이아를 가로수로 심었다.

그중 담양의 관광명소로 자리매김한 메타세쿼이아길은 담양읍에서 전북 순창군 금과면 경계까지 국도 24호선 약 8km 구간에 2천여 그루의 3~4년생 메타세쿼이아 묘목을 심었던 곳이다. 담양의 좋은 토양과 알맞은 기후에서 40여 년의 시간이 지나면서 매년 1m씩 성장해 현재 평균 나무의 높이는 30m, 둘레는 60~85cm로 빽빽하게 우거져 환상적인 가로수 터널이 되었다.

메타세쿼이아는 소나무와 비교하면 그루당 CO_2 흡수량이 10배인 69.5Kg으로 주변 공기를 맑게 해주는 착한 나무이기도 하다. 특별히 학동리에서 깊은실까지 이어지는 1.5km의 가로수길은 담양 메타세쿼이아길의 하이라이트이다. 24번 일반 국도는 메타세쿼이아를 즐기기 위해 차량 통행을 막고 걸을 수 있는 길로 조성되었다. 또한 메타세쿼이아 나무의 생육을 돕기 위해 2011년부터 기존의 아스팔트 포장을 걷어내고 부엽토를 첨가한 흙을 깔아 완벽한 친환경 생태로드를 조성했다.

구사일생으로 살아남은 아름다운 길

오늘날 환상적인 나무터널 아래 그림 같은 산책이 가능한 것은 담양 사람들의 탁월한 선택 덕분이다. 2000년도에 이 지역의 교통량이 늘어나자 담양읍 구간인 24번 국도 및 29번 국도의 메타세쿼이아를 베어내고 4차선으로 확장하는 공사를 시행하려고 했다. 이 소식이 전해지자 마을 주민들은 메타세쿼이아를 없애고 만드는 도로 확장 건설 사업에 결사 반대를 했고 환경 단체들까지 참여해 '메타세쿼이아 나무가 만드는 경관은 생태 보존 가치가 있고 담양의 상징이기에 지켜야 한다'고 한목소리를 냈다. 주민들의 메타세쿼이아에 대한 사랑은 결실을 보아 고속도로 노선이 메타세쿼이아가 심어진 길을 비켜나게 되었다. 구사일생으로 살아남은 메타세쿼이아길은 아름다운 길로 입소문이 나면서 점점 널리 알려졌다. 영화 〈화려한 휴가〉, 예능 프로그램 〈1박 2일〉, 드라마 〈가면〉, CF 등 수많은 프로그램에 나오면서 전국에서 꼭 가보고 싶은 길이 되었다.

2002년에는 산림청과 생명의숲가꾸기 국민운동본부가 메타세쿼이아길을 '가장 아름다운 거리 숲'으로 선정했다. 2008년에는 건설교통부에서 선정한 '한국의 아름다운 길 100選'에서 최우수상을 받아 전국에서 가장 아름다운 길이 되었다. 2015년에는 '전라남도 산림문화자산 1호'로 지정되어 담양은 물론 전라남도가 소중히 지켜야 할 자산이 되었다.

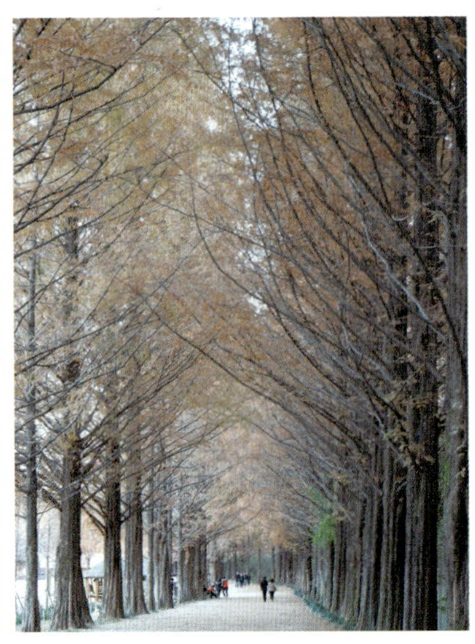

길은 원래 목적지를 향해 가는 과정에 불과하다. 그런데 담양 메타세쿼이아길은 주말이 되면 1만 명이 넘는 많은 관광객들이 오로지 이 길을 걸어보고 싶어 찾아온다. 세상에는 많은 길이 있다. 산에는 오르막길과 내리막길이 있고, 기차가 다니는 철길, 바다에는 뱃길, 비행기가 다니는 하늘 길이 있으며 인터넷을 이용한 무한 공간 소통의 길이 있다. 눈에 보이는 길 말고 나의 길을 찾으려는 인생길도 있고 그 사람의 마음으로 가는 길도 있다. 담양 메타세쿼이아길을 찾는 사람들은 어떤 이유를 가지고 오는 걸까?

사람들의 마음을 읽고 싶어 벤치에 앉았다. 그림 같은 산책길을 걷는 사람들을 보고 있자니 마치 한 편의 영화를 보고 있는 듯했다. 일찍이 동양 사상에서는 인생을 여행길에 비유했다. 같은 길을 걷고 있지만 그 길에서 느끼는 감정들은 제각각이다. 메타세쿼이아길을 걷는 이들이 연인이라면 함께 할 핑크빛 꿈을 꾸는 길이고, 가족이라면 언제 꺼내봐도 좋은 추억을 수놓는 길이고, 좌절을 겪고 있는 인생이라면 새로운 활력을 얻는 길이 된다.

담양의 메타세쿼이아길은 차가 다니지 않는 흙길로 만들어져 맨발로 걸어도 좋을 만큼 포근하다. 가파른 급경사로가 없어 숨 가쁠 필요 없는 편안한 길이기도 하다. 걷는 데만 급급해 좋은 풍경을 놓치는 일도 없고 걷는 여행이 죽도록 싫다는 사람도 입안에 웃음을 담고 걷는 행복한 길이다. 길은 자신의 보폭에 맞춰 천천히 걸으면 신기하게도 큰 것보다는 사소한 것들에 감동을 받는다. 삶을 천천히 돌아보면서 마음이 부자가 되는 연습을 하기에 딱 좋은 길이다.

주소 전라남도 담양군 담양읍 메타세쿼이아로 12
전화 061-380-3149
요금 성인 2,000원, 청소년 1,000원, 어린이 700원
대중교통 담양버스터미널에서 10-1번 버스를 타고 깊은실에서 하차(약 14분 소요)하면 바로. / 서울에서 출발한다면 우선 광주로 가서 담양행 버스를 이용하는 것이 편리하다. 광주광천터미널에서 311번 버스를 타고 담양읍 하차 후 금성면행 303번 버스로 환승해서 학동에서 하차.

메타세쿼이아길을 거닐다보면 주변의 다양한 장소들과 만나게 된다. 여유롭게 길을 거닐며 주변도 함께 둘러보자.

〈역린〉 세트장

〈가면〉 촬영지

〈1박 2일〉 촬영지

2014년 4월에 개봉한 영화 〈역린〉은 사도세자의 아들 정조역을 맡은 배우 현빈으로 인해 한껏 관심을 받았던 영화이다.
끊임없는 암살 위협에 시달리며 밤에도 잠을 이루지 못하는 정조(현빈)의 공간으로 나왔던 존현각은 영화 촬영을 위해 담양 메타세쿼이아길 주변에 지어진 세트장이다.
현빈은 '존현각이 건물이지만 정조를 가장 많이 닮아 있다'고 영화 제작 후기에서 감회를 밝히기도 했다. 영화 〈역린〉 속 그 장소를 놓치지 말자.

2015년 5월 27일부터 시작된 SBS 수목 드라마 〈가면〉은 물질을 위해 가족도 등지고 사랑 없이 결혼한 남녀가 가면 속 서로의 진실된 모습을 보게 되면서 결국 삶에 있어서 가장 중요한 것은 사랑과 가족이라는 걸 깨닫는 모습을 그리고 있다.
주인공인 주지훈과 수애가 서로의 사랑을 확인하는 장소로 담양을 배경으로 선택했다. 메타세쿼이아길, 관방제림, 죽녹원, 시가문화촌 등 아름다운 담양의 명소를 드라마 〈가면〉 13회, 14회에서 확인할 수 있다.

KBS 2TV 인기 예능 프로그램인 〈1박 2일〉도 담양에 와서 촬영을 했다.
메타세쿼이아길, 죽녹원 등 담양 곳곳에서 즐거운 시간을 보냈는데, 〈1박 2일〉 방영 후 더 많은 사람들이 담양의 메타세쿼이아길을 찾아오고 있다.

담양은 달콤한 딸기 생산지로 유명하다. 담양을 유명하게 만든 메타세쿼이아길을 걷다보면 한쪽에 펼쳐진 비닐하우스 농장을 보게 되는데 대부분이 딸기를 재배하는 곳이다.

방문한 계절이 딸기철이라면 그냥 지나치지 말고 잠시 들러 보자. 세상에서 가장 맛있는 딸기를 맛보게 되어 담양 여행이야말로 미각이 즐거운 여행이라는 것을 실감하게 될 것이다.

메타프로방스는 유럽 마을을 테마로 한 여행지로 상가, 식당, 펜션, 호텔 등 다양한 시설을 갖춰가고 있다. 알록달록한 색상의 예쁜 외관과 각종 편의시설에 멋진 그림을 감상할 수 있는 트릭아트길까지 있어 곳곳이 볼거리로 가득하다.

장승테마공원에 설치된 원목 장승들은 지난 2003년 담양읍~월산면 구간 국도 15호선 확포장 공사로 인해 훼손되거나 벌목될 수밖에 없었던 가로수를 담양 가로수 사랑 군민연대의 노력으로 재활용해서 만든 것이다.

총 526그루의 벌목 가로수 중 일부인 100그루를 공사 시행청의 협조를 얻어 1년여 동안 송학 박물관에서 목각 작업을 했다. 영의정, 좌의정, 우의정 등 조선시대 관직을 비롯하여 천하대장군, 지하여장군 등 200여 개의 다양한 형태의 장승으로 환생시켰다.

송학 박물관에서 10년 동안 보관해오다 제1회 메타세쿼이아 가로수 축제를 준비하면서 담양의 메타세쿼이아 길을 지켜낸 상징적 기념물로 장승테마공원을 마련하고 설치하게 되었다.

최근 몇 년 전부터 여름이면 많은 비와 무더위를 느끼고 겨울에는 폭설과 강추위가 계속되는 등 지구 곳곳이 여러 가지 이상 기후 현상을 보이고 있다. 이에 담양군에서는 지구온난화 현상과 각종 환경문제들을 쉽게 이해하고 대처할 수 있도록 기후변화체험관을 개관했다.

주요 시설로는 1,564㎡(연면적)의 건축물 규모 1층에 보호수, 신재생에너지, 인포메이션, 체험교육실, 북카페가 있고 2층에는 3D 영상관, 전망대, 담양 체험존 그리고 외부시설로 규화목, 기후변화지표 식물생태원, 수생태공간, 체험활동 공간이 있다.

지구온난화 등 기후변화현상에 대하여 전시·체험·교육을 통해 문제의 심각성을 인식하여 녹색 생활을 실천·유도하고자 하는 목적을 실천하고 있는 착한 체험관이다.

호남기후변화체험관
주소 전라남도 담양군 담양읍 메타세쿼이아로 45 전화 061-380-2956 홈페이지 http://gihoo.damyang.go.kr 찾아가기 메타세쿼이아길 주차장에 주차한 후 걸어 들어가야 한다.

장승테마공원의 메타원목장승

메타세쿼이아(Metasequoia)

메타세쿼이아는 미국에서 자생하는 세쿼이아 나무 이후에 등장한 나무라는 뜻이다. 은행나무와 함께 화석나무로 유명하며 학계에서는 멸종된 나무로 알고 보고되었으나 제2차 세계 대전이 한창이던 1941년 중국 후베이 성(湖北城)과 쓰촨 성(四川城)의 경계 지역을 흐르는 양자강 상류의 한 지류인 마타오치 강에서 왕전이라는 산림 공무원이 사당 부근에 자라는 거대한 이 나무를 처음 발견했다.

그는 처음 보는 이 신기한 나무의 표본을 북경대학 부설 생물학 연구소에 보냈는데 이 나무가 바로 화석에서만 발견되었던 메타세쿼이아라는 사실을 알게 되었다. 정밀 조사 결과 약 4천 그루가 마타오치 강 연안에 자라고 있어 1946년 중국지질학회지에 살아 있는 메타세쿼이아로 세상에 확정 보고되었다. 이 나무가 금세기에 살아 있다는 것이 알려지자 세계의 식물학자들은 커다란 기쁨과 충격을 받았다.

이후 메타세쿼이아에 대한 본격적인 연구와 번식은 미국의 아놀드 식물원에 의해 시작되었으며 우리나라의 메타세쿼이아는 1956년에 현신규 박사에 의해 미국에서 들여와 주로 가로수와 조경수로 식재되었다. 우리나라에도 경북 포항 지역에서 화석으로 발견되고 있어 석회기 이전에 자생한 사실이 있었던 것으로 추정된다.

메타세쿼이아 나무이름의 유래

메타세쿼이아 나무는 '영웅'이라는 뜻을 가진 미국 체로키 인디언 지도자의 이름 '세쿼이아'에서 유래한다. 체로키 인디언 부족은 체로키 문자를 창시한 자신들의 지도자 세쿼이아를 영원히 기억하고 추앙하기 위해 자신들의 거주지인 인근 태평양 연안에서 자생하는 수명 3천 년 가량의, 세상에서 가장 오래되고 큰 나무에 '세쿼이아'라는 이름을 명명했다.

이후 이 나무가 일 년에 1m씩 자란다고 하여 메타세쿼이아라 불렀다. 또한 체로키 인디언 부족들은 이 세쿼이아 나무가 잡귀를 없애주고 자신들을 보호해줄 뿐만 아니라 소원을 이루게 해준다고 여겨 이 나뭇가지로 장신구를 만들어 몸에 소지하기도 했다.

참고자료 : 담양군 문화관광 홈페이지(http://tour.damyang.go.kr)

한국대나무박물관

대나무의 모든 것을 만날 수 있는 곳

한국대나무박물관은 전국에서 유일한 대나무박물관으로 대나무의 모든 것을 한자리에서 보고 즐기며 이해할 수 있도록 전시하고 있다. 왜 대나무박물관이 담양에 있는 걸까? 그것은 담양이 한반도에서 대나무가 자생하기에 가장 적합한 환경과 기후를 가지고 있기 때문이다.

지리적인 면에서 살펴보면 삼림대의 온대 남부에 속하며 연 평균기온이 12℃이고 연 평균강수량이 1000㎖ 내외이며 토지가 비옥하고 산에 둘러싸여 있어 방풍이 되어준다. 또한 3월 중순에서 5월 말까지 내리는 약 300㎜ 내외의 강수량은 대나무의 재배지로 가장 최적의 자연 조건이다. 따라서 조선시대부터 오늘날에 이르기까지 500년 동안 죽향(竹鄕)의 고장이라 불리던 담양은 품질이 우수한 죽제품 생산지이다.

이러한 대나무의 전통을 계승하고 더욱 발전시키기 위해 1981년 9월에 개관한 한국대나무박물관은 전체 5만여㎡의 대지 면적에 건물은 3,400㎡로 지하 1층,

지상 2층으로 되어 있다. 시설은 6개의 전시실과 대나무 교육 및 체험관, 영상홍보관, 대나무산업관, 명인관 및 외국관, 대나무테마공원, 157종의 죽종장, 무형문화재전수관, 죽제품 전문판매장, 죽순요리 전문점 등이 있다.

제1전시실에는 대나무 생태, 죽대나무, 세계 대나무 분포와 대나무 종류, 대나무의 생장 특징이 전시되어 있다. 제2전시실에서는 대나무 재배와 죽세공예에 관한 전시가 이루어지고 있고, 제3전시실은 죽세생활공예품을 중심으로 전시하고 있다. 제4전시실에는 죽물시장 미니어처와 담양의 대숲소리 제품이 전시되어 있다. 제5전시실에는 대나무를 사용한 약재와 건강식이 전시되어 있다. 기획전시실에는 전국 대나무공예대전 수상작품들이 전시되어 있고 명인관과 외국관에서는 무형문화재 작품과 담양군 지정 명인들의 작품, 세계 각국의 대나무공예품과 중국 절강성 안길현의 대나무 제품이 함께 전시되어 있다.

체험 및 교육관에서는 대나무 악기와 대나무 퍼즐 등을 체험해볼 수 있으며 포토존에서는 한국대나무박물관 방문 기념사진 촬영을 할 수 있다. 무형문화재전수관은 죽세공예 기능을 보유한 3명의 무형문화재가 기능 전수를 하는 곳이자 관광객들이 직접 죽제품을 만들어볼 수 있는 죽제품 체험교실로 운영하고 있다. 죽종장

은 우리나라에서 자생하고 있는 거의 모든 대나무를 한눈에 볼 수 있도록 157종의 대나무를 식재한 곳이며, 대나무 테마공원은 연못, 대나무 산책로, 잔디광장 등으로 조성되어 심신을 재충전하고 활력을 되찾을 수 있는 쾌적하고 편안한 가족 단위 쉼터로 각광받고 있다.

대나무 놀이시설은 대나무 그네, 대나무 줄타기, 대나무 건너기, 대나무 지압 밟기, 대나무 미로, 대나무 터널 등이 설치되어 가족과 아이들에게 많은 인기를 끌고 있으며, 박물관 단지 내에 있는 죽제품 상가에서는 값싸고 질 좋은 국내산 죽제품만을 판매하고 있다. 한국대나무박물관은 죽세공예의 섬세한 아름다움을 느낄 수 있어 많은 관광객이 찾아오는 담양 여행의 필수코스가 되었다.

아주 특별한 식물, 대나무

대나무는 벼과 중 가장 키가 큰 식물로 높이 30m, 지름 30cm 내외에 달한다. 줄기가 꼿꼿하고 둥글며 속이 비어 있다. 땅속 줄기는 옆으로 뻗어 마디에서 뿌리와 순이 나온다. 습기가 많은 땅을 좋아하고 생장이 빠르다. 대나무 중에서 굵은 것은 직경 20cm까지 크는 것이 맹종죽인데, 하루 동안에 1m까지 자랄 수 있다고 한다. 유관속 식물이지만 형성층이 없어 초여름 성장이 끝나고 나면 몇 년이 되어도 비

대생장이나 수고생장은 하지 않고 부지런히 땅속줄기에 양분을 모두 보내 다음 세대 양성에 힘쓰는 것이 보통 나무와 대나무가 다른 점이다.

좀처럼 꽃이 피지 않지만, 한 번 필 경우에는 전 대나무밭에서 일제히 피며 대나무에 있는 영양분을 모두 소모하여 말라 죽는다. 대나무는 매년 죽순이 나오며, 15~20일이면 키와 두께가 다 자라고, 하루에 최대 1m 이상 자라는 지구상에서 가장 왕성한 성장 활동을 하는 식물로 알려져 있다. 대나무는 생장하기 시작하여 수십일 만에 다 자라며, 다 자란 후에는 성장을 멈춘다. 같은 종류의 대나무라고 해도 늦게 발순한 것은 빨리 발순한 것보다 생장 기간과 죽간의 길이가 짧다.

보통 맹종죽은 30~50일, 왕대는 20~40일, 솜대는 25~45일 만에 다 자란다. 대나무는 죽순이 지상에 발순하여 아주 짧은 기간 동안에 생장이 완료되므로 대나무의 일일 신장량은 대나무의 종류와 크기 및 발순 시기에 따라 다르다. 일일 신장량은 오전 10시부터 오후 3시경까지가 가장 많다.

또한 건조할 때보다는 습기가 많을 때, 기온이 낮을 때보다는 높을 경우 많이 자란다. 대나무에 함유되어 있는 지베렐린, 카이네틴, 티로신 등의 식물성 호르몬이 대나무의 생장에 깊이 관여하고 있는 것으로 알려져 있는데 예컨대 티로신은 생장을 촉진하는 것 외에도 대나무의 줄기를 단단하고 튼튼하게 하는 성분인 리그닌을 만

드는 역할을 한다. 또한 잎의 광합성을 도우며 줄기의 생장 촉진과 강도를 높이는 역할을 하는 규산은 잎이나 줄기의 표피에 많이 함유되어 있다.

대나무는 땅속에서 줄기를 확장해가는 왕성한 번식력을 갖고 대나무숲을 이루면서 주변의 다른 생물체의 성장을 막으며 급속도로 확산된다. 대나무가 있는 곳에는 소나무나 기타 다른 식물들을 찾아보기 어려운 것도 이러한 이유에서다. 길이는 보통 10~15m 정도지만 큰 것은 40m가 넘는다.

죽제품 만들기 체험 교실

이용 시간 : 09:00~17:00(연중무휴)

죽제품 제작 체험 : 1,000원~6,000원

바람개비, 부채, 연, 찻잔 받침, 대나무 액세서리, 단소 등

죽제품 놀이마당 : 무료

대나무 그네, 대나무 징검다리, 대나무 줄타기, 대나무 지압 밟기, 대나무 정글, 대도 롱테 던지기, 투호 놀이 등

주소 전라남도 담양군 담양읍 죽항문화로 35

전화 061-380-2901~2

이용 시간 09:00~18:00(연중무휴)

요금 어른 2,000원, 청소년 1,000원, 어린이 700원

홈페이지 http://www.damyang.go.kr/museum

대중교통 담양버스터미널에서 322번 버스를 타고 백동사거리에서 하차(약 12분 소요), 백동사거리까지 직진해 우회전해서 약 200m. / 버스로 1개 정류장 거리이므로 도보 이동이 빠를 수도 있다.

대나무의 속은 왜 비어 있을까?

하루 동안에 1m까지 자랄 수 있는 대나무는 마디마다 생장점이 있어 매우 빠르게 자란다. 대나무의 1시간 동안 생장 속도는 소나무의 30년 길이 생장에 해당하는데 대나무의 이처럼 빠른 생장 속도에 맞춰 줄기의 벽을 이루는 조직은 대단히 빠르게 늘어나지만 대나무 속의 조직은 세포 분열이 느려 대나무의 속이 텅 비게 되는 것이다.

대나무는 나이테가 없는데 나무인가요?

대나무는 나무라 불리기 때문에 당연히 나무가 아닐까 생각하기도 하지만 대나무는 나무가 아닌 여러해살이 풀이다. 나무는 체관과 물관 사이에 있는 형성층의 분열로 부피 생장을 하기 때문에 나이테가 있고 나무는 몇 십 년 동안 계속 자라는 연속성을 가진다. 그러나 대나무는 풀이기 때문에 줄기의 관다발에 있는 형성층이 1년밖에 그 기능을 하지 못해 나무처럼 굵어지지 않는다. 또한 대나무는 지상부가 몇 년 이상 생존해 있어 나무처럼 보이지만 줄기는 땅 속에서 처음 자라 올라오는 굵기로 평생을 살아간다.

대나무도 꽃이 피나요?

대나무는 좀처럼 꽃이 피지 않지만, 일생에 한 번 꽃이 피는 식물이다. 개화 시기는 3년, 4년, 30년, 60년, 120년 등으로 다양하며 정확한 개화 시기를 예측할 수 없다고 한다. 한 번 꽃이 필 경우에는 전체 대나무 밭에서 일제히 꽃이 피고 꽃이 핀 대나무들은 모두 말라 죽는다. 대나무는 유관속 식물이지만 형성층이 없어 초여름 성장이 끝나고 나면 몇 년이 되어도 비대생장이나 수고생장은 하지 않고 부지런히 땅 속 줄기에 양분을 모두 보내 다음 세대 양성에 힘쓰는 특별한 식물이다. 그런데 꽃이 핀 대나무는 꽃을 피우느라 대나무에 있는 땅속 줄기의 영양분을 모두 소모하였기 때문에 새로운 생명인 죽순을 만들지 못해 대숲 전체가 죽는 것이다.

참고자료 :
초등학교 교과서, 5학년, 〈단원 식물의 구조와 기능〉
중학교 교과서, 1학년, 〈단원 식물의 영양〉

대나무골테마공원
나만의 프라이빗 여행지

오늘, 당신의 마음은 어떤가요? 시간에 쫓기고 상처투성이의 마음을 안고 하루하루 살아간다면 사소하고도 복잡한 자신의 감정을 외면하지 않고 제대로 마주할 시간과 공간이 필요하다. 그래서 우리는 여행을 선택한다. 여행은 오로지 나에게만 집중할 시간을 허락하기 때문이다. 타인에게 보여지는 나와 그 안에 숨어 있는 나 자신과 함께 여행을 하면서 스치는 바람, 초록 잎사귀, 작은 조약돌에도 세심하게 반응하는 나를 발견한다.

남의 눈길을 신경쓰지 않고, 간섭 받지 않고 혼자만의 여행을 하기 좋은 나만의 프라이빗 여행지를 찾는다면 담양군에 있는 대나무골테마공원을 추천한다. 이곳에 오면 다른 여행지에서 볼 수 있는 것들은 아무것도 없다. 하늘을 찌를 듯한 대나무, 푸르른 소나무, 새들의 지저귐, 초록빛 잔디, 바람 그리고 고요함만이 있다. 해야 할 일이 별로 없는 조용한 이곳에서는 마음 가는 대로 여유를 부리기 좋다. "오늘, 당신의 마음은 어떤가요?" 물어보기 딱 좋은 곳이다.

마법에 걸린 듯 바람을 따라 걷다

대나무골 테마공원에서는 사람 키의 수십 배가 넘는 대나무들이 찾아온 이들을 조용히 반겨준다. 매표소를 통과해 조금 걸어 들어가면 샘물 죽로천이 있다. 향긋한 대나무 향에 단맛이 나는 물 한 모금을 마시며 산책을 시작해보자.

대숲 사이로 천천히 걸어 들어가면 하늘을 찌를 듯이 높이 자란 대나무 사이로 자라난 죽록차와 망태버섯 등이 운치를 더한다. 이곳은 죽순을 채취해서 팔지 않고 솎아내지도 않아 빽빽한 대나무숲 풍경이 자연스러워 좋다. 대나무는 음이온과 산소량 발생이 높아 머리를 맑게 해주니 시원한 공기를 마시며 산책을 해보자.

대나무골테마공원은 자신의 시간에 맞춰 여행이 가능하다. 바쁜 일정이라면 지름길로 간단히 돌아보고 시간 여유가 있다면 모든 길을 천천히 하루 종일 걸어 다녀도 좋다. 이곳의 이름은 대나무골테마공원이지만 대나무 길만 있는 것이 아니라 대숲과 연결된 소나무숲길도 있어 죽림욕과 함께 송림욕을 즐길 수 있다. 또한 황토 마사흙을 깔아놓은 길에서는 신발을 벗고 맨발로 걸으며 온전히 자연과 하나 되어 호흡하며 건강해지는 자신을 발견할 수 있다.

마법에 걸린 듯 바람을 따라가다보면 바람이 다니는 길에 만들어진 바람개비들의 팔랑거림은 산책의 재미를 더해준다. 대나무숲 속에 꼼짝 않고 앉아 있는다면 봄부터 초여름까지 하루에 50~60cm씩 자라는 죽순을 눈으로 살펴볼 수 있고, 비가 온 뒤에 이곳을 찾는다면 고사성어 '우후죽순(雨後竹筍)'이란 말을 완벽하게 실감할 수 있다.

이런 대나무골테마공원만의 독특하고 평화로운 숲 이미지는 〈전설의 고향 – 죽귀〉,

드라마 〈여름향기〉, 영화 〈청풍명월〉, 〈흑수선〉, 〈청연〉 등 영화와 TV, CF 촬영지로 인기가 높다.

대나무를 심은 그 사람이 그립다

언론인이며 사진 작가였던 신복진 씨는 자신의 고향 땅 담양군 금성면 봉서리에 30여 년 동안 직접 대나무를 심고 가꿔 9만 1,734m²에 이르는 커다란 숲을 만들었다. 담양읍에서 전북 순창군 방향으로 6km가량 떨어진 곳에 숨겨져 있는 대나무숲, 대나무골테마공원을 산책하며 애니메이션 〈나무를 심는 사람〉의 주인공 엘지아 부피에가 떠올랐다.

그리고 고인이 된 신복진 씨가 그리웠다. 그분을 만나 어떤 신념으로 대나무를 심기 시작했는지 절망감은 없었는지 이 땅의 시작과 과정을 직접 들어보고 싶었다.

> 〈나무를 심는 사람(The Man Who planted Trees)〉 : 30분짜리 극장용 단편 애니메이션 영화로 1987년 캐나다의 CBC와 소시에트 라디오캐나다(Societe Radio-Canada)에서 제작하였다. 엘지아 부피에라는 사람을 모델로 한 장 지오노(Jean Giono)의 원작을 프랑스 출신의 캐나다 애니메이션 작가 프레데릭 백(Frederic Back)이 애니메이션 영화로 제작한 작품이다. 프로방스 지방의 어느 고원 지대 황무지에 55세의 양치기 노인 엘지아 부피에가 날마다 나무를 심어 30여 년이 지나자 풍요로운 숲을 이룬다. 폐허가 되었던 마을의 변화를 보며 한 인간의 숭고한 정신과 마주치게 된다는 감동적인 내용이다.

그 역시 엘지아 부피에처럼 30여 년 동안 묵묵히 고독과 싸우며 매일 같이 대나무를 심었으리라 상상해본다. 그의 꾸준한 노동이 우리에게 선물한 완벽한 숲은 건강한 기운과 아름다운 풍경으로 찾는 이들의 넋을 잃게 만든다.

개인이 만들었다고는 도저히 믿을 수 없는 울창한 대나무숲 사이로 난 길에 서서 마치 애니메이션 〈나무를 심는 사람〉을 보듯 서서히 자연스럽게 이루어진 과거와 오늘의 변화를 상상해본다. 그리고 신복진 씨에게 꽃 대신 시 한편을 감사의 마음으로 전해본다.

제1대나무숲길
FIRST BAMBOOS PATH
(송림욕)
장승·영화촬영지
TOTEM POLE · SHOOTING SPOT
People The Tree

〈나 하나 꽃 피어〉 _ 조동화

나 하나 꽃 피어
풀밭이 달라지겠냐고
말하지 말아라.
네가 꽃 피고 나도 꽃 피면
결국 풀밭이 온통
꽃밭이 되는 것 아니겠느냐.

나 하나 물들어
산이 달라지겠느냐고도
말하지 말아라.
내가 물들고 너도 물들면
결국 온 산이 활활
타오르는 것 아니겠느냐.

신복진 씨가 돌아가신 지 10여 년이 지나고 있지만 그로 인해 많은 사람들이 대나무골테마공원에 와서 행복한 순간을 만끽하며 행복하게 사는 방법을 깨닫고 있다. 고집스럽게 타인을 위해 선한 일을 했던 〈나무를 심는 사람〉의 주인공 엘지아 부피에는 애니메이션 속의 가상 인물로 감동을 주었지만 신복진 씨는 실제 존재하는 인물이기에 오늘을 살아가는 우리들에게 더욱 큰 감동을 준다.

주소 전라남도 담양군 금성면 비내동길 148
전화 061-383-9291
이용 시간 09:00~18:00(연중무휴)
입장료 어른 2,000원, 학생 1,500원, 어린이 1,000원
홈페이지 http://www.대나무골.kr
주요 시설 수련원, 숲속, 잔디 집회장, 잔디 운동장, 체육 시설, 사진 갤러리 등
대중교통 담양버스터미널에서 12-1번을 타고 테마공원에서 하차(약 37분 소요), 매표소까지 도보 2분.

▶ 담양국수거리

담양국수거리 입구에는 머리 위에 국수 그릇을 올리고 여행자를 반기는 표지석 모습이 재미있다. 일단 귀여운 국수 캐릭터와 사진 한 컷을 찍고 가자. "멀리에서 담양까지 찾아왔는데 왠 국수냐?"라고 외면하는 사람이 있다면 아직 담양국수거리의 명성을 알지 못해 하는 소리이다. 도착해보면 관방천을 따라 줄을 이은 국수집에 놀라고 국수를 먹기 위해 줄을 선 인파에 두 번 놀라게 된다.

대나무 평상 위에 자리를 잡았다면 이제 주문을 해보자. 멸치국수 4천 원, 비빔국수 4천 원, 약계란 3개 1천 원, 파전 5천 원으로 메뉴는 간단하고 가격은 저렴하다. 국수에 덧붙여 맛볼 수 있는 삶은 계란은 빠뜨리지 말고 주문하자. 국수와 단짝 같은 곁들임 메뉴로 멸치 국물에 달걀을 삶아 짭조름하고 구수한 맛이 인기이다. 국수를 기다리는 동안 관방천을 바라보며 평상 위에서 한 끼 식사를 하는 것도 오래도록 기억에 남는 추억이 된다. 도톰한 중면 국수에 따라 나오는 반찬은 콩나물 무침, 깍두기, 김자반 등 3~4가지로 담양 국수는 한 끼 식사로도 충분하다.

국수거리의 국수집들은 면과 맛에 큰 차이가 없으니 기다리는 수고를 하지 말고 눈치껏 평상에 자리가 있는 국수집을 선택하자. 국수거리에서 독특한 맛을 찾는다면 댓잎으로 만든 국수집을 추천한다. 국수거리 끝에 위치한 '미소댓잎국수'의 댓잎물국수 메뉴는 댓잎가루를 넣어 직접 뽑는 생면에 숙주나물이 얹어 나온다. 각종 한약재를 넣고 오래 끓인 댓잎 약달걀도 특별하다.

담양국수거리

여행을 다닐 때 시장 구경은 빼뜨릴 수 없는 재미 중 하나이다. 해외이든 국내이든 시장은 그 지역의 느낌을 가장 많이 담고 있기 때문이다. 담양읍 담주리 하천로에서는 매월 끝자리가 2일, 7일인 날에 오일장이 선다. 계절마다 담양 인근에서 정직한 농부들이 지어낸 먹거리들이 줄을 이어 손님을 기다린다. 없는 물건이 없는 담양 장날은 많은 사람들을 불러 모아 흥을 돋운다. 어린 시절 시골에서 자라지 않았더라도 장날 구경은 푸근하고 정겨워 시장 구경을 하다보면 저절로 힐링이 된다.

원래 담양 장날은 대나무가 유명했기에 대나무 제품 판매가 주를 이루던 죽물시장으로부터 시작되었다. 1990년 5월 13일 매일경제신문 5면을 가득 채운 담양 죽물시장 기사를 보면 당시 죽물시장이 얼마나 번성했었는지 알 수 있다. '대쪽 영근 정성, 섬세미 극치'라는 커다란 제목으로 '3백 년 역사 삿갓, 바구니 등 총 집합한 전국 대나무 한자리에'로 이어지는 기사는 담양군 전체 가구가 1만 8천 2백 가구인데 그중 17%인 3천 51가구 약 5천여 명이 죽세공을 해서 장날에 내다 팔았다고 한다.

전국에서 재배한 대가 모여 판매되던 대시장이 있었고 삿갓은 하루 장날에 3만 장이나 팔렸으며 이곳 물건들이 중국과 일본까지 판매되었다고 한다. 그러나 플라스틱 제품의 등장으로 죽물시장은 사라졌고 오늘날 담양오일장에 가면 소규모로 죽제품을 파는 아주머니들 몇몇이 명맥을 유지하고 있다.

주소 : 전라남도 담양군 담양읍 담주2길 일원

현재 시장의 모습   과거 죽물시장의 모습

▶ 서원마을

죽녹원에서 오른 쪽 길을 따라 가다보면 전남도립대학교 맞은편에 골목이 아름다운 서원마을이 있다. 죽녹원의 대나무숲을 병풍처럼 두른 서원마을은 주민 260여 명이 거주하는 작은 마을로 잠시 둘러보기 좋다.

담벼락을 종이 삼아 끄적거려놓은 듯 써놓은 시를 읽으며 걷다보면 쥐가 다닐 것 같은 구멍을 고양이 입으로 표현한 재치 있는 그림이 미소 짓게 한다. 그리고 그 옆으로 진짜 고양이가 산책을 하고 있다. 서원마을의 역사를 모아놓은 담벼락에는 낡은 앨범에서 꺼내 붙여놓은 듯 유행 지난 사람들이 한껏 폼을 잡고 여행자들을 반겨준다.

얼마 전까지 '취영마을'이라 불렸던 이 마을의 원래 이름은 '서원래'였다. 마을 내에 의암서원이 있었기 때문인데 의암서원은 선조 40년(1670)에 창건되었으며 미암 유희춘의 위패를 모셨던 곳이다. 고종 5년 흥선대원군의 서원 철폐령으로 없어지게 되어 지금은 서원의 옛터만 남아 있다. 이곳에서 많은 선비가 배출되었고 영재와 수재가 계속되기를 바라는 마음으로 '취영'이라 부르면서 '취영마을'이라 불렀다. 최근 새도로명 주소에서 '서원길'로 표기되면서 본래의 이름을 찾았고 마을 이름도 '서원마을'로 바꿔 부르게 되었다.

▶ 전남도립대학교

전남도립대학교는 전라남도가 설립하여 운영하는 호남 유일의 공립 대학으로 담
양군에 위치해 있다. 전남도립대학은 '죽녹원'과 '관방제림', '메타세쿼이아길'이
함께 어우러져 사계절이 아름다운 대학이다. 전국 최초로 100만 원 이하 반값 등
록금을 실현한 전남도립대학교는 다양하고 풍부한 장학 혜택과 저렴하고 훌륭한
기숙사 시설 등을 확보하고 있어 학생들이 학업에만 전념할 수 있는 배움의 전당
이다.

2004년 담양대학과 장흥대학이 통합하여 전남도립남도대학으로 바뀌었으며, 지
방대 혁신 역량 강화 산업의 사업단으로 선정되었다. 2007년 지역 혁신 우수 대학
으로 대통령상을 수상하였으며, 이듬해인 2008년 전남도립대학으로 학교 이름을
바꾸었다. 2015년 기준 인문사회, 공학, 자연과학, 예체능 등 총 4개 계열 아래 20
개의 학과가 있다. 도서관, 정보지원센터, 기숙사, 신문방송국 등의 부속시설이 있
으며, 산학협력단과 평생교육센터도 운영되고 있다.

주소 : 전라남도 담양군 담양읍 죽녹원로 152
전화 : 061-380-8411
홈페이지 : http://www.dorip.ac.kr

▶ 담양대나무축제

1999년부터 해마다 5월이 되면 담양군과 (사)담양대나무축제위원회가 주관하여 죽녹원 및 관방제림 일대에서 대나무축제를 연다. 전국에서 유일하게 대나무를 주제로 하는 대한민국 대표 우수 축제이다. 해마다 5월에 열리는 까닭은 그 역사가 고려 초로 거슬러 올라가는 데 매년 음력 5월 13일을 죽취일로 정해놓고, 야산에 대나무를 심고 친목을 도모해왔던 대심는 날(죽취일)의 의미를 되살리기 위해서이다. 1999년 축제를 시작할 때는 죽향축제로 부르다가 2002년부터 축제의 효율성과 전국화, 세계화를 꾀하기 위해 지금의 '담양대나무축제'로 이름을 바꾸었다. 이후 담양대나무축제는 해가 갈수록 우리나라를 대표하는 축제로 발전하고 있다.

담양군에서는 최근 대숲맑은 생태도시 담양의 청정한 기운을 받아 항상 건강하고 만사형통하라는 의미로 '운수대통'이라는 마당별 테마로 축제를 진행하고 있다. 축제에 참가한 사람들은 대나무향 가득한 죽녹원을 산책하며 죽림욕으로 힐링여행을 하고 죽순 요리와 대통밥 등 맛있는 먹을거리로 심신을 충전한다.

대소쿠리 물고기 잡기와 대나무 대박놀이, 죽녹차 시음회 등 남녀노소가 모두 즐길 수 있는 행사가 다양해 가족 단위의 관광객들이 많이 찾아온다. 2015담양세계대나무박람회의 성공적인 개최로 담양대나무축제는 한 단계 더 도약하고자 하는 희망을 가지고 있다. 싱그러운 봄을 마음껏 만끽하고 싶다면 5월에 담양대나무축제로 가자.

홈페이지 : http://www.bamboofestival.co.kr

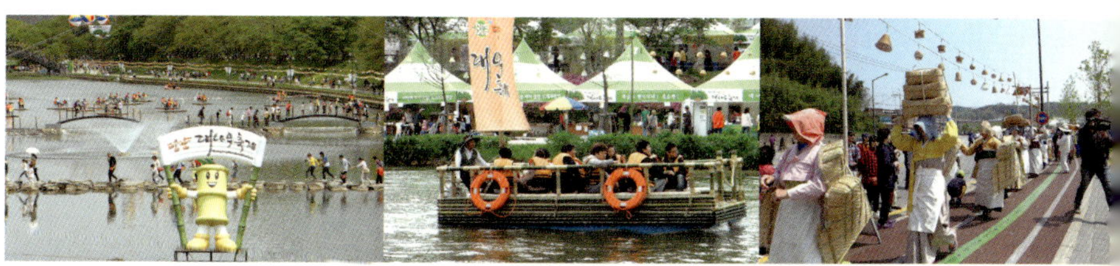

| 담양대나무축제 행사장 | 대나무 뗏목 타기 | 추억의 죽물시장 재현 |

먹고, 사고, 즐기기

담양의 명소인 죽녹원과 국수거리 그리고 관방제림 주변에는 대나무의 고장답게 대나무 잎을 재료로 만든 간식들이 다양하다. 담양에서만 맛볼 수 있는 특별한 재미를 놓치지 말자.

대나무 잎을 넣고 만든 아이스크림으로 녹차와 비슷한 연두색이며 담백한 맛을 자랑한다. 담양에서만 맛볼 수 있는 특별한 맛이므로 그냥 지나치지 말고 꼭 맛보기를 추천한다.

김순옥 댓잎찹쌀도넛은 각종 TV 프로그램에 소개되어 담양에 온 사람들은 꼭 들러 먹어보고 갈 만큼 유명하다. 바삭하게 튀겨낸 못난이 도넛과 찹쌀 도넛 두 종류가 있다.

댓잎호떡

댓잎쫀드기

댓잎깨소미

대나무 잎을 가루로 만들어 반죽에 넣고 만든 초록색 호떡이다. 댓잎 향이 자연스레 나기 때문에 향긋함이 좋다. 겨울에 먹으면 더욱 맛이 좋다.

어린 시절 초등학교 앞 문구점에서 팔던 쫀듸기에 댓잎을 넣어 만들었다. 잠시 추억의 시간을 맛보고 싶다면 추천한다.

담양에서 자생하는 대나무의 잎을 채취하여 만든 댓잎 분말을 첨가해 바삭하게 구운 과자로 대나무의 깊은 향과 기운을 느낄 수 있는 맛이다.

댓잎차

한우거리

죽순빵

댓잎차를 마실 때는 천천히 음미해야 향긋한 대나무 향이 입 안에 남는다. 꽃차나 전통차를 좋아하는 사람이 아니라면 처음 맛보는 댓잎차는 무슨 맛인지 모를 수도 있다.

국수거리를 걷다보면 객사리 관방천 둑길 아래 담양 '한우거리'가 있다. 담양 한우의 명성을 위해 담양군에서는 한우 전문 음식점들을 모아 명품 담양한우거리를 조성했다.

죽순빵은 담양 현지에서 생산된 국산 현미에 죽순찻물과 댓잎가루를 재료로 만든다. 쌀로 만든 빵피는 폭신하면서도 담백하고, 흑임자로 만든 소도 맛이 좋아 담양을 널리 알리는 역할을 톡톡히 하고 있다.

죽제품

죽부인

숍 나린우디

오래전부터 담양의 대나무는 죽제품을 만들기에 가장 적합한 품질로 유명했으며 죽제품을 만드는 솜씨 또한 전국 제일이었다.

한여름 밤 더위를 잊게 해줄 죽부인은 오래전부터 여름의 필수품이었다. 잠시 잊혀졌다가 최근 들어 다시 죽부인을 찾는 사람들이 늘고 있다.

국수거리 끝에 위치한 디자이너 숍이다. 사라져가는 담양의 전통 문화를 되살리고자 대나무를 이용한 수공예 액세서리, 대나무 향초 등 디자인 소품을 만들어 판매하고 있다.

선비문화권
소쇄원 / 식영정 / 명옥헌원림 / 환벽당 / 한국가사문학관
송강정 / 면앙정 / 독수정원림 / 상월정 / 모현관

대쪽같이 올곧은 선비정신을 이어 받은 조선시대 사림(士林)들은 담양에 내려와 누각과 정자를 짓고 자연을 벗 삼아 시문을 지어 노래하며 살았다. 담양의 선비문화권 여행은 조선시대 최고의 문인이자 학자였던 선비들이 갓을 쓰고 도포를 입은 차림에 책을 들고 걸어 다녔던 길을 따라가는 여정이다.

그중 가장 인기 있는 곳은 한국 정원의 정점을 보여주는 양산보의 소쇄원으로 조선중기 호남 사림문화를 이끈 인물들의 구심점이었다. 그림자가 쉬고 있는 식영정은 정철이 〈성산별곡〉을 지었던 곳이며, 한 폭의 그림 같은 환벽당은 정철이 청년 시절 공부했던 곳이다. 발걸음은 정철이 낙향해서 머물렀던 송강정으로 이어져 자연스레 가사문학을 테마로 한 문학여행이 된다. 송순은 작은 초가집을 지어 달과 바람에게 한 칸씩 내어주고 강산은 병풍처럼 둘러놓고 지내겠다는 이상향을 실현하고자 면앙정을 지었는데 그곳에 오르면 자연과 함께 순순하게 살고 싶어 했던 물아일치(物我一致)의 경지를 느껴볼 수 있다.

명분을 중시하던 조선시대 사림들은 담양에 누정을 짓고 시단(詩壇)을 결성하고 교류하면서 가사문학의 산실이 되어, 오늘날 담양에는 전국에서 유일한 가사문학관이 있다.

그밖에 붉은 배롱꽃이 춤추는 명옥헌원림, 자존심을 아름답게 지켜낸 고려 충신의 독수정원림, 16세기 타임캡슐《미암일기》를 쓴 유희춘 박물관이 있다. 주변 경관과 자연스레 녹아 있는 여유로운 담양의 선비문화권을 산책하다보면 마치 아름다운 한 폭의 동양화 그림 속을 거니는 듯 편안해진다.

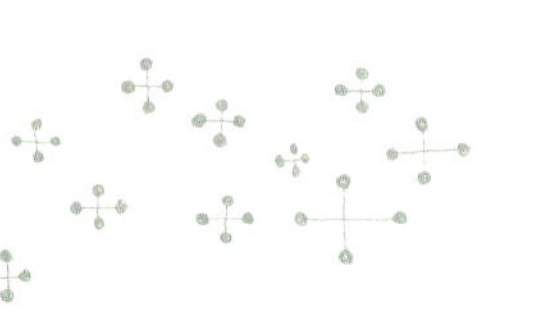

소쇄원

식영정

환벽당

수북면
면앙정
무정면
선비문화권
대전면
봉산면
모현관
송강정
상월정
대덕면
명옥헌원림
창평면
고서면
식영정
한국가사문학관
환벽당
소쇄원
독수정원림
남면
0 2km
↑ 창평슬로시티권
담양 시내
식영정
광주호
한국가사문학관
호수생태원
환벽당
취가정
소쇄원
전라남도
교육연수원
광주동초등학교
충효분교장
887
남면초등학교
남면보건지소
남면사무소
남면
0 100m
독수정원림

소쇄원(瀟灑園)

걸으면서 공부하는 여행지

소쇄원을 다녀온 사람들이 설명해주는 소쇄원의 이미지는 참으로 제각각이다. 만약 소쇄원을 가본 적이 없는 사람이 이들의 이야기만 듣고 소쇄원을 그림으로 그린다면 어떤 그림이 나올지 참으로 궁금하다. 같은 것을 보고 와서 제각기 다른 기억을 가지고 있다는 것은 그만큼 소쇄원이 많은 매력을 품고 있다는 의미이기도 하다.

건축에 관심이 있는 사람은 자연의 품 안에 안겨 있는 광풍각(光風閣)과 제월당

(霽月堂)의 건물 구조에 대해 깊은 인상을 받았을 것이고, 문학을 아는 사람이라면 이곳을 드나들던 조선시대 문인들의 이름만으로도 가슴 벅찬 곳이 된다. 또한 조경학을 공부하는 사람이라면 자연을 거스르지 않았던 한국식 정원 원림(園林)에 반하게 되고, 역사에 심취한 사람이라면 조광조와 기묘사화를 떠올리며 18세의 양산보가 스승의 죽음 앞에서 비통함에 빠져 처사(處士)의 길을 선택한 현장에 와 있음에 큰 의미를 두었을 것이다.

정원 원림(園林) : 정원이 주택에서 인위적인 조경 작업을 통하여 분위기를 연출한 것이라면, 원림은 교외에서 동산과 숲의 자연스러운 상태를 그대로 조경 대상으로 삼아 적절한 위치에 인공적인 조경을 삼가면서 더불어 집과 정자를 배치한 것이다.
처사(處士) : 벼슬을 하지 아니하고 초야에 묻혀 학문을 자기 완성에 두고 살던 선비이다.

이처럼 소쇄원은 아는 만큼 볼 수 있는 여행지이기 때문에 사전 지식이 필요하다. 평범한 여행지라면 애써 공부를 한 후에 찾아가라고 권하고 싶지 않다. 사전 정보 없이 목적지에 도착해 하나하나 알아가는 여행도 나름 재미가 있기 때문이다. 그렇지만 소쇄원은 미리 이해하고 가지 않으면 그 의미를 속속들이 알 수 없어 매우 재미없는 여행이 될 수도 있다. 지붕을 넘지 않으면서 경사진 곳에서는 직각으로 층층 계단처럼 꺾어 내려오는 담장, 어진 임금을 기다렸던 양산보의 마음을 읽을 수 있는 대봉대(待鳳臺), 개울이 통과하도록 운치 있게 쌓은 담 등 아는 사람에게만 보여주는 숨어 있는 이야기가 보물찾기 하듯 재미있는 곳이기 때문이다.
한 폭의 한국화 그림 속으로 들어가는 듯한 소쇄원의 분위기는 특별히 아이와 함께하는 가족여행 코스도 좋다. 조용하고 평화로우며 자연과 함께할 수 있어 가족에게 좀 더 집중할 수 있기 때문이다. 아이들이 어릴수록 시끌벅적한 곳에서 벗어나 가족과 산책하며 조용조용 대화할 수 있는 여행을 하는 것이 정서에 좋다고 한다. 소쇄원에서 찍은 사진은 PC에만 담아놓지 말고 꼭 인화해서 액자에 넣어보자. 소쇄원에 머물렀던 추억은 시간이 지날수록 그 순간이 그리워지는 소중한 보물이기 때문이다.

스승 조광조와 제자 양산보

조선중기의 대표적인 별서(別墅) 정원 소쇄원을 만든 양산보(梁山甫, 1503~1557년)는 본관은 제주이고 담양 창평 창암촌에서 창암 양사원의 장남으로 태어났다. 아버지는 양산보가 15세 되던 해(1517)에 그를 서울로 보내 당시 대사헌인 조광조(趙光祖)의 문하에서 학문을 배우도록 했다. 양산보는 학문을 열심히 갈고 닦아 그의 나이 17세(1519)에 중종이 친히 주관한 시험에 합격하지만 나이가 어려 버슬길에 오를 수 없었다. 이를 애석하게 여긴 중종이 선물을 보내 양산보를 위로할 만큼, 미래의 조선을 이끌 재목감으로 주목을 받았다.

그러나 그 해 겨울 사림(士林)의 소장 학자 정암 조광조는 신진 개혁 정치를 펴다 기묘사화(己卯士禍, 1519)를 맞는다. 스승이 기득권 세력의 모함으로 억울하게 정권에서 축출되어 능주(綾州, 전남 화순)로 유배되자 양산보는 스승의 귀양지를 따라 인근 고향 창평(昌平, 전남 담양)으로 내려온다. 그러나 조광조가 유배 한 달 만에 사약을 받아 죽으면서 그와 뜻을 같이하던 70여 명의 선비들도 모두 사사(賜死)되어 개혁 정치의 뜻은 영원이 물거품이 되어 사라지게 되었다. 조광조를 스승으로 모시고 공부한 지 3년째 되는 해였던 17세의 양산보는 스승의 죽음을 겪으면서 매우 큰 충격을 받는다.

결국 양산보는 현실 정치에 대한 환멸을 느껴 평생 벼슬을 하지 않고 장암촌 산기슭에 소쇄원을 짓고 초야에 묻혀 살았다. 소쇄원의 '소쇄'는 본래 공덕장(孔德璋)의 《북산이문(北山移文)》에 나오는 말로 '깨끗하고 시원함'을 의미하고 있으며, 양산보는 이러한 명칭을 붙인 정원의 주인이라는 뜻에서 자신의 호를 소쇄옹(瀟灑翁)이라 하였다. 소쇄원이 조성된 시기는 정확하지 않으나 양산보가 낙향한 1519년 이후부터 시작해 송순(宋純)과 김인후(金麟厚) 등의 도움을 받고 이후 그의 아들 자징(子澄)과 자정(子淨)이 광풍각 옆 담 밖에 각각 고암정사(鼓巖精舍)와 부훤당(負暄堂)을 건립하여 3대 약 70여 년간의 세월에 걸쳐 완성되었다. 1597년에는 정유재란으로 건물이 소실되자 양산보의 손자 천운(千運, 1568~1637년)이 1614년에 복원하였다.

소쇄원은 양산보 이후 15대에 이르는 400여 년간 후손들의 정성으로 잘 보존되어 오늘날까지 조선시대의 정취를 고스란히 간직하고 있다. 조경, 건축, 시문(時文) 등 다양한 분야의 귀중한 연구자료로 1983년 7월 20일 사적 제304호로 지정되었다가 2008년 5월 2일 국가명승 제40호로 변경되었다.

선비의 길을 따라 걷다

양산보는 조선시대 선비들의 이상향이었던 주희(朱熹)를 따르며 자연으로 돌아가 소쇄원을 짓고 그곳에서 은둔 생활을 했다. 주희의 성리학은 오랫동안 중국을 비롯한 동아시아 지식인 사회를 지배해왔고, "세상의 모든 이치는 주자(朱子)가 이미 완벽하게 밝혀놓았다. 우리에게 남은 일은 다만 그의 이치를 실천하는 것일 뿐이다."라고 송시열이 칭송할 만큼 그의 사상은 조선의 지식인들에게 절대적인 영향을 미쳤다. 선대 유학자들의 성과를 집대성하고 유학의 방향을 새롭게 전환시킨 주희(朱熹)의 무이구곡(武夷九曲)을 양산보가 평생 실천한 곳이 소쇄원이다.

주희(朱熹) : 중국 남송 시대의 유학자로 이름은 희(熹), 자는 원회(元晦), 호는 회암(晦庵)이며 주자(朱子)라는 명칭은 그를 존경하는 의미로 사용한다. 주자학을 집대성하였다.
무이구곡(武夷九曲) : 조선의 지식인 사회에 절대적인 영향을 미친 주희(朱熹)의 고향으로 그가 지었던 〈무이구곡가(武夷九曲歌)〉의 영향을 받아 조선시대의 학자 이황(李滉)은 〈도산십이곡(陶山十二曲)〉을, 이이(李珥)는 〈고산구곡가(高山九曲歌)〉를 지었다.

소쇄원의 입구 양옆으로는 푸른 대나무숲길이 찾아오는 이들을 반긴다. 높게 치솟은 대나무의 녹음과 바람이 노래하는 대숲 소리는 원내에 들어가는 마음을 설렘으로 흔든다. 항상 변함없이 곧고 바른 지조와 절개를 상징하는 대나무를 들어가는 길에 빽빽하게 심은 뜻은 이곳이 대쪽 같은 선비가 머물렀던 곳임을 짐작케 한다. 면앙 송순, 석천 임억령, 하서 김인후, 사촌 김윤제, 제봉 고경명, 송강 정철 등이 대나무 길을 통과해 소쇄원에 드나들면서 정치·학문·사상 등을 논했다고 한다. 조선시대 최고의 문인이자 학자였던 선비들이 갓을 쓰고 도포를 입은 차림에 책을 들고 이 길을 걸으며 무슨 생각을 했을까 궁금해진다. 오늘 그들이 걸었던 선비의 길을 따라가본다.

울창한 대나무 길이 끝나는 곳에서 만나는 소쇄원은 대문이 없다. 대문이 없으니 문패도 없지만 굳이 찾자면 담에 새겨진 '소쇄처사양공지려(處士梁公之慮)'라는 송시열이 쓴 글이 있다. '소쇄공 양산보의 초라한 집'이라는 뜻이며, 여기서 처사(處士)는 학문을 자기 완성에 두고 벼슬을 하지 않았던 양산보를 말한다. 대문만 없는 것이 아니라 담도 빙 둘러 있지 않고 바깥 마을과 정원을 구분하는 담장들은 지붕을 가리지 않는 높이 2m로 드문드문 쌓았을 뿐이다. 또한 흐르는 시냇물을 막지 않고 담장을 세워 자연과 조화를 이루고 있다. 소쇄원은 북쪽으로 장원봉에서 흘러내리는 계류가 암반을 타고 다섯 가닥으로 흐르다가 폭포가 되어 작은 연못을 이루게 되는 골짜기를 중심으로 양쪽 언덕에 자리 잡고 있다.

양산보가 청년 시절 길을 지나다가 우연히 작은 계곡에서 오리를 마주쳤는데 오리가 갑자기 뒤뚱거리며 달아나자 양산보도 따라가게 되었다고 한다. 오리가 더 못 가고 멈춘 곳은 청명한 물소리와 솔바람 향기가 그윽한 곳이었고 그곳
이 바로 지금의 소쇄원 자리라고 한다. 소쇄원 자리를 오리가 낙점해주었다는 이야기 덕분에 지금도 소쇄원에서는 양산보에게 터를 안내한 암수 한 쌍의 오리를 만날 수 있다.

소쇄원은 크게 내원(內園)과 외원(外園)으로 구분되는데 우리가 말하는 소쇄원은 내원을 말한다. 내원으로 들어가면 자연석을 쌓아 올린 축대 위에 지어진 초정(草亭) 대봉대(待鳳臺)를 처음으로 만나게 된다. 4,600여m²의 소쇄원 내원(內園)이 한눈에 들어오는 정자에 올라 한 칸짜리 정자에서 사방으로 불어오는 바람을 맞으며 맑은 물소리를 듣고 있노라면 '기다리는 손님을 봉황처럼 모시는 곳'이라는 대봉대의 의미를 저절로 알게 된다. 대봉대의 또 다른 의미는 '봉황을 기다리는 곳'으로 해석하는데 성군(聖君)을 기다렸던 양산보의 염원을 읽을 수 있다.

> 봉황 : 성군이 나라를 다스려 백성들이 태평성대를 이루면 나온다는 상상의 새이다. 봉황은 대나무숲에서 살면서 오동나무가 아니면 앉지 않고 대나무 열매 죽실만 먹는다고 한다. 양산보는 소쇄원에 성군을 기다리는 염원을 담아 오동나무를 심고 대밭을 조성했으며 봉황이 먹는 샘물을 만들어놓았다.

고경명(高敬命, 1533~1592년)이 쓴《유서석록(遊瑞石錄)》에는 '돌을 높게 쌓아 올려 그 위에 세운 소정(小亭)이 있는데 넓은 우산처럼 날개를 펴고 있다.'고 이 정자에 대한 묘사를 하고 있다. 지금의 초정 대봉대는 전해오는 기록들과 소쇄원도에 기초하여 1985년에 다시 복원한 것이다.

볕이 가장 잘 드는 애양단

애양단(愛陽壇)은 약 10m×7m 넓이의 마당으로 높이 2m의 담장이 ㄱ 자로 둘러져 있다. 당시에는 김인후의 〈소쇄원사십팔영(瀟灑園四十八詠)〉이 걸려 있었다고 한다. 북풍을 막기 위해 담을 둘렀지만 빛을 모으는 역할도 하여 이곳이 원(園) 안에서 가장 볕이 잘 드는 곳이라 겨울에 눈이 내리면 가장 빨리 녹는 따뜻한 곳이다. 애양단을 지나 계곡을 건너려면 외나무 다리 독목교(獨木橋)를 지나야 한다. 이곳에서는 누구나 떨어질까 두려워 겸손해진다. 애양단에서 외나무다리를 건너면 있는 매대(梅臺)에는 2단의 단을 두고 매화가 심어져 있다.

광풍각과 제월당

소쇄원에서 건축물로는 광풍각(光風閣)과 제월당(霽月堂)이 있다. 광풍각과 제
월당은 송(宋) 나라의 황정견(黃庭堅, 1045~1105년)이 주돈이(周敦頤, 1017~
1073년)의 인물됨을 평하면서 '가슴에 품은 뜻이 맑아 청량한 바람과도 같고, 비
갠 뒤 하늘의 밝은 달과 같다.(胸懷灑落如光風霽月)'라고 한 데서 따왔다고 한다.
광풍각은 계곡가에 높은 석축을 쌓고 중간 단을 돌출시켜 그 위에 얹었다. 계류에
좀 더 가까이 다가가고자 함이다. 그래서 김인후의 소쇄원사십팔영(瀟灑園四十八
詠)에는 이 광풍각을 '침계문방(枕溪文房)'이라 하여 '개울 물소리를 들을 수 있는
선비의 방'이라고 표현하고 있다. 광풍각은 사랑방 기능의 공간이었다.

광풍각 옆의 암반에는 석가산(石假山)이 있었는데, 이러한 조경 방법은 고려시대의 정원에서 많이 볼 수 있는 것이다. 한편, 광풍각의 뒤쪽에 있는 동산을 복사동산이라 하여 도잠(陶潛)의 무릉도원을 재현하려고 하였다. 광풍각에는 영조 31년(1755) 당시 소쇄원의 모습이 그려진 그림이 남아 있다.

제월당(霽月堂)은 정사(精舍)의 성격을 띠는 건물로 주인이 거처하며 조용히 독서하는 사적인 공간이다. 정면 3칸, 측면 1칸으로 팔작 지붕의 기와집이다. 남쪽에 방 1칸을 두고 북쪽 2칸에는 마루를 두었다. 자연의 순리를 거스르지 않는 한국 정원의 정점을 보여주는 양산보의 소쇄원은 조선중기 호남 사림문화를 이끈 인물들의 구심점 역할을 했다.

주소 전라남도 담양군 남면 소쇄원길 17
전화 061-381-0115
시간 09:00~18:00(연중무휴)
입장료 어른 2,000원, 학생 1,000원, 어린이 700원
홈페이지 http://www.tourdamyang.go.kr
대중교통 1. 담양버스터미널에서 311번 버스 탑승 후 농산물공판장에서 하차(약 45분 소요), 225번 버스로 환승해서 소쇄원에서 하차(약 45분 소요). 총 1시간 30분 소요. / 2. 광주 버스터미널에서 187번 버스를 타고 소쇄원에서 하차(약 1시간 소요).

식영정(息影亭)

정철의 발자취를 따라 담양으로 문학기행을 떠나보자. 정철이 청년 시절 공부를 했던 환벽당, 낙향해서 머물렀던 송강정과 〈성산별곡〉을 지었던 식영정(息影亭)은 5백여 년의 시간이 지난 지금도 그의 흔적으로 가득하다.

식영정은 조선 명종 15년(1560)에 김성원(金成遠, 1525~1597)이 장인이자 스승인 석천(石川) 임억령(林億齡, 1496~1568)을 위해 지은 정자이다. 식영정 경내에는 김성원이 거처하던 서하당(棲霞堂)과 석천을 주향으로 모셨던 성산사(星山祠)가 있다. 부속 건물로 부용당(芙蓉堂)은 없어졌던 것을 1972년에 복원해 다

식영정

시 지었고 식영정으로 올라가는 계단 아래에는 '송강 정철 가사의 터'라는 기념비
가 있다. 식영정 주변에는 정철이 김성원과 함께 노닐던 자미탄(紫薇灘), 노자암
(鸕鶿巖), 견로암, 방초주(芳草州), 조대(釣臺), 서석대(瑞石臺) 등 경치가 뛰어난
곳이 여러 곳 있었다고 전해오고 있으나 지금은 광주호가 생기면서 아쉽게도 물
속에 잠겨버려 자취를 찾을 수 없다.

임억령은 이곳에서 성산의 경치 좋은 20곳을 택하여 〈식영정이십영(息影亭二十詠)〉
을 지었는데 제자 김성원, 고경명, 정철이 차운하여 20수를 지어 모두 80수의 〈식영
정이십영(息影亭二十詠)〉이 완성되었다. 당시에는 이들 네 명을 '식영정 사선(四
仙)'이라 불렀고 이런 이유로 식영정을 사선정(四仙亭)이라 부르기도 했다고 전한
다. 이 〈식영정이십영〉은 후에 정철의 〈성산별곡〉의 밑바탕이 되었다.

서하당   부용당

113

성산사

식영정 정자의 규모는 정면 2칸, 측면 2칸으로 단층 팔작집^{건물의 네 귀퉁이에 모두 추녀를}
^{달아 만든 집}에 온돌방과 대청이 절반씩 차지하고 있다. 일반 정자들이 가운데 방을 배
치하는 것과는 달리 한쪽 귀퉁이에 방을 두고, 앞면과 옆면을 마루로 깐 것이 특이
하다. 자연석 기단 위에 두리기둥(圓柱)을 세운 굴도리 5량의 헛집 구조이다. 식영
정 옆에는 1973년에 《송강집(松江集)》의 목판을 보존하기 위한 장서각을 건립하
였으며, 입구에 성산별곡 시비를 세웠다. 식영정은 1972년 전라남도 기념물 제1호
로 지정되었으며, 2009년 9월 국가 지정 명승(名勝)으로 승격 지정되었다.

식영정, 〈성산별곡(星山別曲)〉의 터가 되다

〈성산별곡〉은 정철이 16세 때부터 27세에 등과(登科)할 때까지 10년간 수학(受
學)하기 위해 머물렀던 곳인 성산(星山)이란 지명을 제목으로 하여 쓴 작품이다.
성산은 당시의 창평(昌平) 지곡리(芝谷里) 성산(별뫼)이며 현재로는 전라남도 담
양군(潭陽郡) 남면(南面) 지곡리(芝谷里)에 해당한다.

총 84절 168구인 〈성산별곡〉은 정철의 나이 25세인 1560년(명종 15년)에 함께
동문수학했던 김성원을 위해 지은 가사(歌辭) 작품이다. 내용은 당시의 문인 김성
원이 세운 식영정(息影亭)과 서하당(棲霞堂)을 중심으로 계절에 따라 변하는 아
름다운 경치와 김성원의 풍류를 예찬하고 있다. 전체를 6단으로 나눌 수 있는데

'송강 정철 가사의 터' 기념비

제1단은 서사(緒詞)로 신선의 공간 같은 식영정의 자연 경관과 식영정과 서하당에 머물며 세상에 나가지 않는 주인 김성원의 풍류를 노래하였다. 제2단인 춘사(春詞)는 성산의 봄 경치와 주인공의 생활을 표현했고, 제3단 하사(夏詞)는 한가한 성산의 여름 풍경을 묘사하였다. 제4단 추사(秋詞)는 성산의 가을 달밤 풍경을 읊었으며, 제5단 동사(冬詞)는 성산의 겨울 경치와 이곳에 은거하는 산옹(山翁)을 노래하였다. 제6단은 결사(結詞)로 진선(眞仙) 같은 생활의 즐거움을 노래하였다. 작품집《송강가사(松江歌辭)》에 실려 전하는 〈성산별곡〉의 처음은 다음과 같다.

"엇던 디날 손이 성산(星山)의 머물며서, 서하당(棲霞堂) 식영정(息影亭) 주인아 내 말 듯소, 인생 세간(世間)의 됴혼 일 하건마난 엇디 한 강산(江山)을 가디록 나이 녀겨, 적막(寂寞) 산중(山中)이 들고 아니 나시난고." –〈성산별곡〉 중에서

어떤 길손이 성산에 머물면서 / 서하당 식영정 주인아 내말 듣소 / 인간 세상에 좋은 일 많건마는 / 어찌 한 강산을 낮게 여겨 / 적막산중에 들고 아니 나신가요?

정철은 식영정에서 〈식영정잡영〉 10수, 〈하당야좌(霞堂夜坐)〉 1수, 〈차환벽당운〉 1수, 〈소쇄원제초정〉 1수, 〈서하당잡영〉 4수 등 수많은 한시와 단가 등을 남겼다.

그는 식영정에서 송순, 김인후, 기대승 등을 스승으로 삼았으며 고경명, 백광훈, 송
익필 등과 교우하였다. 따라서 식영정은 송강 정철 문학의 산실이라 할 수 있다.

그림자가 쉬고 있는 정자

식영정의 주인 석천(石川) 임억령(林億齡)은 조선중기의 문신이자 문인이었다.
해남(海南) 출신으로 1525년(중종 20년) 문과에 급제한 후 여러 벼슬을 지내다가
1557년에 담양부사가 되었다. 그는 천성적으로 도량이 넓고 학식이 높았으며 시
와 문장에 탁월했다고 한다. 일찍이 시로 명성을 날렸으며 일생 동안 시를 꾸준히
지어 그의 시 전체가 곧 그의 인생의 기록이 되었다. 그가 머물던 식영정의 이름도

그가 지었는데 '식영(息影)'이란《장자》의 〈제물편〉에 나오는 말로 '그림자가 쉬고 있는 정자'라는 뜻이다.

그가 쓴《식영정기(息影亭記)》를 살펴보면 "그림자는 언제나 본형을 따라다니게 마련이다. … 이와 마찬가지로 사람도 자연 법칙의 인과응보의 원리에서 벗어나지 않는 것이다. … 그러는 처지에 기뻐할 것이 무엇이 있으며 슬퍼하고 성내고 할 것이 무엇이 있겠는가. … 내가 이 외진 두메로 들어온 것은 꼭 한갓 그림자를 없애려고만 한 것이 아니다. 시원하게 바람을 타고, 조화옹과 함께 어울려 끝없는 거친 들에서 노니는 것이다. … 그러니 식영(息影)이라고 이름 짓는 것이 좋지 아니하냐."라고 식영정의 의미를 말하고 있다. 또한 "시내 위의 푸른 솔밭 아래 언덕을 하나 차지하여 조그마한 정자를 세웠는데 네 귀에 기둥을 세우고 복판을 비웠으며, 지붕은 띠풀을 덮고 대나무발로 날개처럼 차양을 달았다. 멀리서 바라보면 휘장을 두른 꽃배와 같이……"라고 식영정의 아름다운 모습을 표현하고 있다.

식영정에는 아름다운 경치와 이곳의 주인인 임억령을 찾아오는 수많은 문인과 학자들이 있었다. 송순, 김윤제, 김인후, 기대승, 양산보, 백광훈, 송익필, 김덕령, 김성원, 고경명, 정철……. 이들은 식영정 주변 풍경을 시제로 하여 수많은 시를 남겼다. 그중에서 이곳을 가장 유명하게 한 것은 정철의 〈성산별곡〉이었다.

주소 전라남도 담양군 가사문학로 859
시간 제한 없음(연중무휴)
입장료 없음
홈페이지 http://tour.damyang.go.kr
대중교통 담양버스터미널에서 311번 버스 탑승 후 농산물공판장에서 하차(약 45분 소요), 충효187번으로 환승해서 환벽당에서 하차(약 60분 소요), 도보로 이동 3분.

명옥헌원림(鳴玉軒苑林)

붉은 배롱꽃이 춤추는 정원

담양군 고서면 후산 마을 안쪽에 위치한 명옥헌(鳴玉軒) 원림(苑林)에 여름이 찾아오면 배롱나무에서 피어난 붉은 꽃들이 석 달 열흘 동안 꽃물결을 이룬다. 배롱꽃은 한시에 등장할 때는 자미화(紫薇花)라고 표기하고 백일 동안 꽃을 피운다 하여 백일홍(百日紅)이라고 부르기도 한다. 그밖에 손으로 가지를 살살 건드리면 가지가 떨리는 모습이 마치 사람이 간지럼을 타는 듯해 '간지럼 나무'라고도 한다. 부르는 이름이 여럿일 만큼 많은 사랑을 받았던 배롱나무로 조경을 한 명옥헌은 한여름에 이르러서야 비로소 그 멋을 제대로 느낄 수 있다. 배롱나무는 추

118

위에 약해 주로 남부 지역에서 자란다.

명옥헌은 주변 원림들보다 한 세대 뒤인 1625년 조선중기에 지어졌다. 아버지 오희도(嗚希道, 1583~1623)가 자연을 벗 삼아 살던 곳에 아들 오이정(嗚以井, 1619~1655)이 그를 기리고 자신도 선친의 뒤를 이어 은둔하기 위해 지었다. 명곡(明谷) 오희도는 학문에 정진하여 1602년(선조 35년) 사마시에 합격하고, 1614년(광해군 6년) 진사시에 합격하였으나 벼슬에 나가지 않고 후산 마을에 은거하며

부모님을 극진히 모셨다. 인조(仁祖)는 왕위에 오르기 전 인재를 찾기 위해 전국을 다니다가 호남 지방에 이르러 후산에 머물고 있는 오희도를 찾아왔다고 한다. 인조는 오희도를 등용하기 위해 세 번 찾아왔는데 이때 인조가 타고 온 말을 맸던 은행나무와 오동나무를 '인조대왕 계마행(仁祖大王繫馬杏)' 또는 '인조대왕 계마상(仁祖大王繫馬像)'이라고 부른다. 현재 그때의 오동나무는 없어졌고 은행나무만 남아 있다.

명옥헌에는 현판과 더불어 삼고(三顧)라는 편액이 걸려 있는 것으로 보아 오희도는 인조의 정성 때문이었는지 1623년(인조 1년) 알성문과 병과에 급제한 후 벼슬길에 오른다. 그의 관직은 기주관(記注官)을 대신하여 어전에서 임금의 말을 기록

120

명옥헌 들어가는 입구 마을 풍경

하는 일이었는데 탁월한 능력을 인정받아 바로 예문관 검열(檢閱)에 제수되었다.
그러나 안타깝게도 관직에 나간 해에 천연두에 걸려 41세의 나이로 세상을 떠났다.

삼고(三顧) : 세 번 찾아왔다는 뜻의 삼고(三顧)는 유비(劉備)가 제갈공명(諸葛孔明)을 세 번 찾아가 그를 얻게 되었다는 삼고초려(三顧草廬)에서 연유한다.

기주관(記注官) : 조선시대 춘추관(春秋館) 5품의 벼슬로 역사의 기록과 편찬을 담당한 사관직.

옥에 부딪쳐 나는 맑은 시냇물 소리

명옥헌(鳴玉軒)에는 장계정(藏溪亭)이라는 현판이 걸려 있다. 그 이유는 오이정
이 자신의 호(號) 장계(藏溪)의 이름을 붙여 장계정이라 불렀기 때문이다. 명옥헌

뒤에는 이 지역의 이름난 선비들의 제사를 지내던 도장사(道藏祠)라는 사당이 있어 도장정(道藏亭)이라고도 불렀다. 정자 왼쪽으로 돌아 흐르는 계곡물은 한 연못을 채우고 다시 그 물이 아래의 연못으로 흘러가는 데 '물이 흐르면 옥(玉)이 부딪쳐 나는 소리처럼 맑다.' 하여 명옥헌(鳴玉軒)이라는 이름을 얻었다고 한다. 명옥헌(鳴玉軒)에서 '헌(軒)'의 의미는 높고 활짝 트인 장소에 정자를 지어 경치를 내려다볼 수 있도록 한 집을 뜻한다. 원래 헌(軒)은 높은 지위의 벼슬아치가 타던 수레를 말하는데 정자의 이름에 헌을 사용한 것은 마치 수레에 타고 밖을 내려다보는 듯한 집이라는 의미이다. 따라서 명옥헌 정자에 올라서보면 산수경관이 연못에 비치는 절경을 한눈에 내려다볼 수 있다.

명옥헌은 오이정이 교육을 하기에 적합한 형태의 건물로 지은 소박하고 아담한 정자이다. 정면 3칸, 측면 2칸의 팔작지붕으로 방에는 구들이 있고 마루의 외곽에는 평난간을 두었다. 정자 건물 뒤에는 사각형의 작은 연못을 만들고 앞으로는 사다리꼴 모양의 연못을 만들었다. 우리나라 옛 연못의 모습이 네모 모양을 한 것은 세상이 네모지다고 생각했던 선조들의 생각, 천원지방(天圓地方)이 반영된 까닭이다.

> 천원지방(天圓地方) : 하늘은 둥글고 땅은 모나다는 뜻으로 고대 중국의 수학 및 천문학 문헌인 《주비산경(周髀算經)》에서, "모난 것은 땅에 속하며, 둥근 것은 하늘에 속하니, 하늘은 둥글고 땅은 모나다"라고 되어 있다. 고대 중국의 여러 문헌에서 비슷한 표현을 찾아볼 수 있는데 이 명제는 전근대 시기 말까지 동아시아 사회에서 하늘과 땅의 모양에 관한 권위 있는 학설로 받아들여졌다.

오이정은 정원을 만들면서 매우 예술적인 배치를 했는데 첫째는 주변의 자연경관을 정원 내의 경치와 어울리도록 조화롭게 조경해 자연 순응적인 정원 양식을 보여주고 있다는 점이고, 둘째는 연못 주변을 따라 배롱나무를 심어 꽃물결이 물에 비치도록 했으며, 셋째는 소나무 군락을 열 지어 심어 붉은 배롱꽃과 대비되도록 했다. 2009년 09월 18일 국가명승 제58호로 지정받은 명옥헌원림(鳴玉軒苑林)은 소쇄원보다 유명하지는 않지만 자연에 순응한 조상의 지혜를 잘 반영한 아름다운 정원이다. 별도의 담장을 두르지 않은 개방된 공간으로 조성해 누구나 쉬어갈

수 있도록 배려하고 있어 주인의 넉넉함을 읽을 수 있다. 주변 경관과 자연스레 녹아 있는 편안한 경치에서 여유로운 산책을 즐길 수 있다.

주소 전라남도 담양군 고서면 후산길 103
시간 제한 없음(연중무휴)
입장료 없음
홈페이지 http://tour.damyang.go.kr
대중교통 담양버스터미널에서 3-1, 4-1번 버스를 타고 연동에서 하차(약 1시간 소요) 후, 도보로 10분 766m 이동.(총 약 1시간 10분 소요)

환벽당(環碧堂)

한 폭의 그림 같은 정자

송강정, 식영정과 함께 정송강 유적지인 환벽당(環碧堂)은 무등산 아래 광주호 상류 충효 동쪽 언덕 위에 있는 정자로 창암천(蒼巖川, 창계천이라고도 함)을 사이에 두고 식영정과 마주보는 곳에 있다. 환벽당 주인 김윤제와 서하당 주인 김성원은 창암천 위에 다리(무지개 다리)를 놓고 서로 오가며 친하게 지냈다고 한다. 또한 환벽당 주변에는 김윤제(金允悌)가 살았던 충효마을과 송강 정철(鄭澈, 1536~1593)이 살았던 지실마을, 소쇄옹 양산보(梁山甫, 1503~1557)가 살았던 창암촌이 있어 이 일대가 조선시대 선비문화의 중심지였음을 알 수 있다.

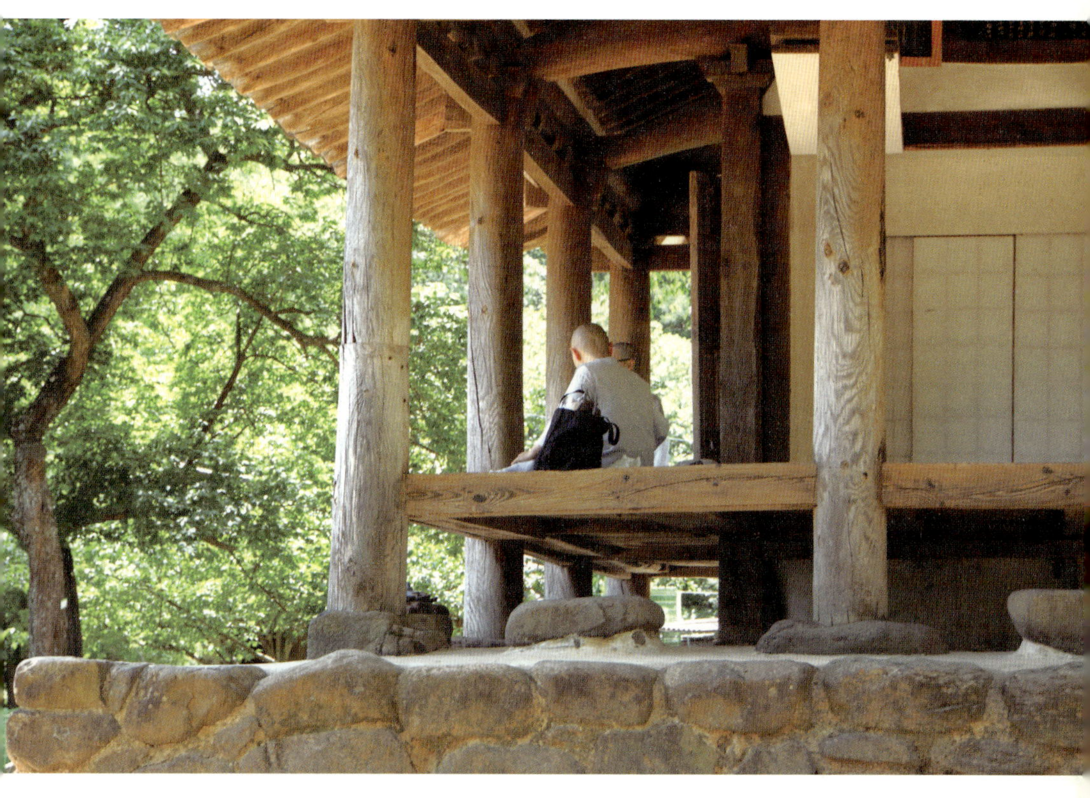

일찍이 면앙정(俛仰亭)에 머물면서 가단을 형성했던 송순(宋純, 1493~1582)은 "소쇄원과 식영정, 그리고 환벽당을 일컬어 한 동네에 3군데 명승이 있다."라고 칭송하였다. 그의 말대로 2013년 11월 6일 환벽당이 국가 지정 문화재 명승 제107호로 지정되어 소쇄원(瀟灑園, 명승 제40호), 식영정(息影亭, 명승 제57호)과 함께 국가 명승지가 됨으로서 일동지삼승(一洞之三勝)의 면모를 갖추게 되었다.

환벽당 주변을 좀 더 자세히 그려 보자면, 무등산에서 뻗어내린 원효계곡에서 흘러나온 창암천(蒼巖川) 물길을 따라 소쇄원(瀟灑園), 식영정(息影亭), 환벽당(環碧堂), 취가정(醉歌亭), 풍암정(楓岩亭), 명옥헌(鳴玉軒), 송강정(松江亭), 면앙

정(俛仰亭) 등 헤아릴 수 없이 많은 정자(亭子)와 원림(園林)이 새로운 사림 문화를 일으켜 세웠다. 이러한 탓에 이곳을 '정자문화권' 또는 '가사문학권'이라 부른다.

이곳에 오면 자연스레 조선시대 정자문화를 두루 살펴볼 수 있다. 창암천을 예전에는 자미탄(紫薇灘)이라고 불렀는데 그 이유는 한자어로는 자미화(紫薇化)인 배롱나무가 물가를 따라 심어져 물에 비친 붉은 꽃구름이 장관이었기 때문이라고 한다. 임억령은 "누가 가장 아끼던 것을 산 아래 시내에다 심었나보다."라고 자미탄의 아름다움을 감탄하기도 했다.

그러나 지금은 영산강 유역 개발 사업으로 광주댐을 만들면서 인공 호수인 광주호가 생기고 자동차가 다닐 수 있는 넓은 신작로가 들어서면서 강가의 배롱나무 숲길은 더 이상 볼 수 없게 되었다. 붉은 꽃이 날리는 아름다운 자미탄의 풍경을 식영정 뒤편에 있는 배롱나무 서너 그루와 환벽당에 있는 커다란 배롱나무에서 찾아본다. 자미탄(紫薇灘)의 풍경이 복원되어 물에 비친 붉은 꽃구름을 따라 걷고 싶은 마음이 간절해진다.

푸른 대숲에 둘러 싸여 있는 환벽당

환벽당은 조선중기의 충신 사촌(沙村) 김윤제(金允悌, 1501~1572)가 낙향하여

1540년에 지은 별서(別墅)로 인재 교육에 힘쓰던 곳이다. 김윤제는 인근 충효마을에서 태어나 1532년 문과에 급제하여 벼슬길에 올랐다. 나주목사 등 13개 고을의 지방관을 역임하였으나 당쟁에 실망해 벼슬을 내려놓고 고향에 돌아와 제자들을 가르치면서 유유자적하며 살았다. 그의 제자 가운데 대표적인 인물로는 정철(鄭澈)과 김성원(金成遠)이 있다.

> 별서(別墅) : 선비들이 자연을 누리면서 철학을 향유했던 정원이다.
> 충효마을 : 무등산 아래 뿌리내린 충효마을은 광산김씨 사촌 김윤제가 살았던 본제(本第)가 있다. 600년 이상의 역사를 지닌 반촌으로 충효동 왕버들군이 천연기념물 539호, 충효동 도요지가 사적 제141호로 지정되어 있다. 이곳은 수백 년 동안 많은 시인 묵객들이 찾았으며, 한결같이 아름다운 경치에 탄복하여 수많은 시문을 남겼다.

송강 정철은 16세 때부터 10년 이상을 환벽당에 머물면서 김윤제에게서 수학했다. 환벽당 아래에 있는 조대(釣臺)와 용소(龍沼)는 바로 김윤제가 어린 정철을 처음 만난 사연이 있는 곳이다. 가사문학의 빛나는 보석, 정철은 〈성산별곡(星山別曲)〉에서 환벽당을 노래했는데 매우 아름다운 장소로 극찬을 하고 있다.

一道飛泉兩岸間 한 줄기 샘물이 양 언덕 사이에 날리우고
採菱歌起蓼花灣 여뀌꽃 물굽이에 마름 캐는 노래가 이네.
山翁醉倒溪邊石 산 늙은이 시냇가 돌에 취해 누우니
不管沙鷗自往還 아무려나 모랫가 갈매기는 왔다 갔다 하는 고나.
　　　-정철(鄭澈)의 〈차환벽당운(次環碧堂韻)〉

환벽당의 당호(堂號)는 '지형이 청산녹수(靑山綠水)로 둘러 있고. 전후좌우에 창송(蒼松) 청림(靑林)이 가득하고 푸르름이 사방에 둘러쳐져 있다'는 뜻으로 조선

전기의 화가 신잠(申潛, 1491~1554)이 지었다. 환벽당 현판은 우암(尤庵) 송시열(宋時烈)이 이곳을 방문하고 쓴 글씨이며 그밖에 임억령(林億齡), 김인후(金麟厚), 정철(鄭澈), 백광훈(白光勳), 조자이(趙子以) 등의 시가 걸려 있다.

환벽당은 본제가 가까이 있는 가택결합형(家宅結合型) 별서로 원림의 공간 구조는 담장 안의 내원(內園)과 담장 밖의 외원(外園)인 창암천(蒼巖川), 용소(龍沼), 조대(釣臺) 그리고 영향권원(影響圈園)인 멀리 바라보이는 무등산 자락 등으로 구분된다.

건물의 규모는 정면 3칸, 측면 2칸의 팔작지붕의 목조와가(木造瓦家)이며 방의 형태는 남도 지방의 전형적인 유실형(有室形) 정자이다. 환벽당 아래에는 낮은 경사 지형을 살려 담장을 두르고 화강석을 둘러 연못을 조성하였다. 본제(本第, 살림집)는 북쪽 고개 너머로 300m 정도 떨어진 충효마을에 있다. 환벽당은 별서원림으로서 호남의 대표적인 누정 문화를 보여주는 곳이다. 환벽당은 정철의 4대손 정수환(鄭守環)이 김윤제의 후손으로부터 토지를 사들여 현재 영일 정씨(迎日鄭氏) 문중에서 관리하고 있다.

담양, 정철을 품어 당대 최고의 문인으로 키워내다

1551년 명종 6년 어느 더운 여름날, 환벽당의 주인 김윤제(金允悌, 1501~1572)는 낮잠을 자다가 별당 아래 용소(龍沼)에서 용 한 마리가 놀고 있는 꿈을 꾸었다. 꿈이 너무도 생생하여 잠에서 깨어 용소로 내려가보니 한 소년이 멱을 감고 있었다. 김윤제는 달려가 그 소년을 만나보니 기상이 좋고 재기가 넘쳐보였다. 그래서 제자를 삼는데 그가 바로 정철이다.

당시 정철은 순천에 사는 둘째 형을 만나러 가는 길에 용소에서 더위를 식히고 있었다. 둘째 형은 을사사화로 집안이 풍비박산이 나자 처가인 순천에 내려와 살고 있었다. 김윤제의 안목은 맞았다. 정철은 어떤 글이라도 세 번 읽으면 능히 암송하였고 오로지 학문에 정진하였으며 특히 시문을 잘 했고 글씨에 능했다. 김윤제는 이런 인연으로 만난 정철을 환벽당에서 지내게 하면서 16세 소년 시절부터 27세에 과거에 급제할 때까지 가르쳤으며 훌륭한 스승을 불러 공부를 시키는 등 물심 양면으로 도움을 주었다.

정철은 환벽당에 머물면서 임억령(林億齡)에게 시를 배우고 김인후(金麟厚), 송순(宋純), 기대승(奇大升)에게 학문을 배웠으며, 이이(李珥), 성혼(成渾), 송익필(宋翼弼) 같은 당대 최고의 유학자들과 사귀었다. 김윤제는 정철의 됨됨이가 마음에 들어 외손녀의 사위로 삼고자 했다. 그러나 김윤제의 사위 유강항(柳强項)은 외동딸을 객지에서 온 정철과 혼인시키는 것이 영 탐탁지 않았다. 그러자 김윤제는 화가 나서 사위와 절교를 선언했다. 유강항은 이런 장인의 행동에 놀라 결국 결혼을 승낙하게 된다. 정철은 17세에 유강항의 딸과 혼인하여 4남 2녀의 자녀를 두었다. 1561년(명종 16년) 26세에 진사시 1등을 하였고, 이듬해 별시 문과에 장원 급제하였다. 오늘날 칭송받는 정철의 학문과 국문가사, 한시 등은 김윤제가 품어주지 않았다면 얻지 못할 결실이었다.

어린 나이인 10세부터 6년간 아버지의 유배지를 따라다니며 공부도 하지 못하고 비참한 생활을 했으며 매를 맞아 죽는 큰형을 보면서 한없이 불행하기만 했던 정철은 담양의 환벽당에 머물면서 실력을 쌓을 기회를 얻은 것이다. 한 명의 아이를 건강하게 키우려면 마을 하나가 통째로 필요하다는 속담이 있다. 담양이라는 고을이 정철을 품어 당대 최고의 문인으로 훌륭하게 키워낸 것이다.

주소 광주광역시 북구 환벽당길 18-9
시간 제한 없음(연중무휴)
입장료 없음
대중교통 담양버스터미널에서 311번 버스 탑승 후 농산물공판장에서 하차(약 45분 소요), 충효187번으로 환승해서 환벽당 정류장 하차(약 60분 소요), 총 1시간 45분 소요.

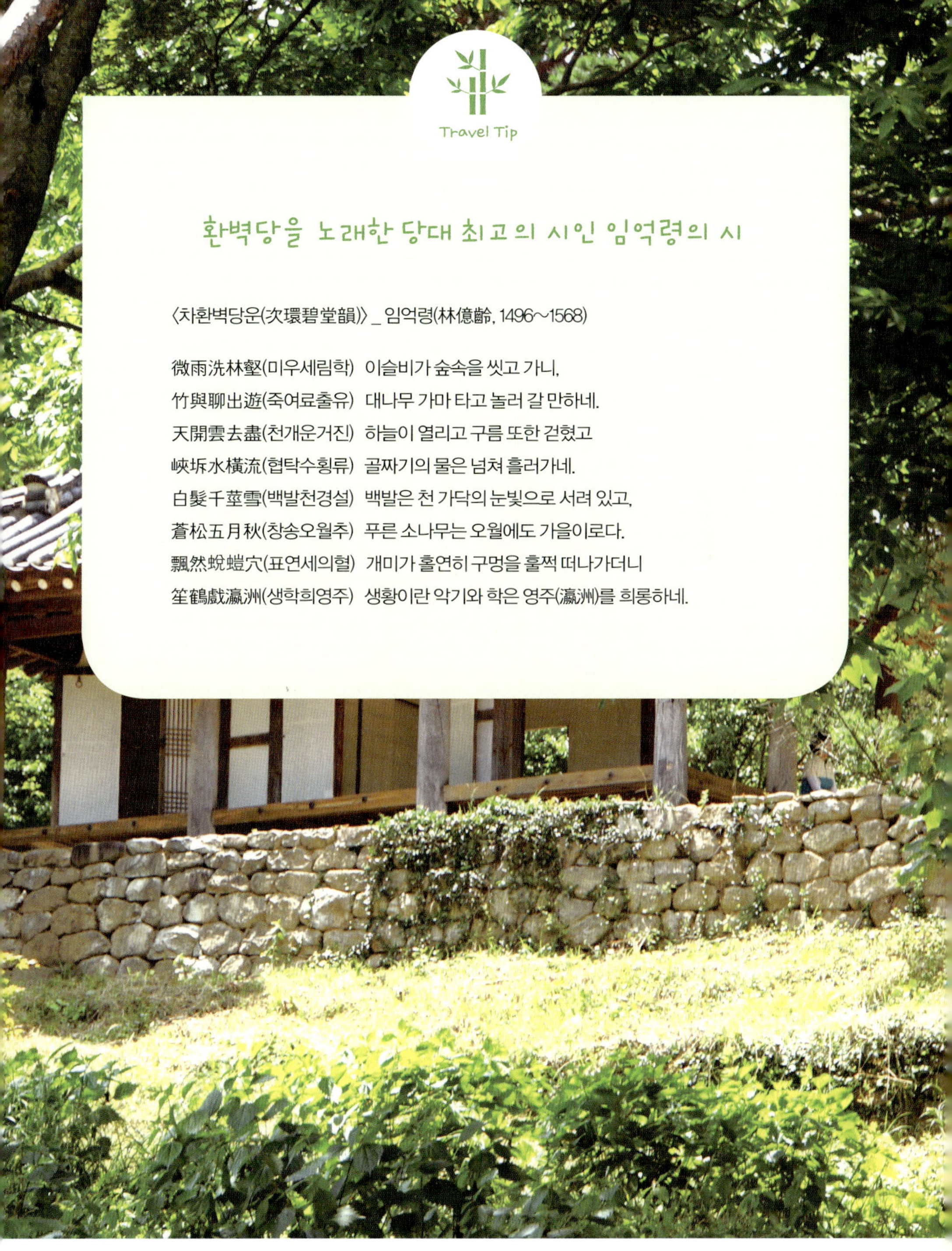

환벽당을 노래한 당대 최고의 시인 임억령의 시

〈차환벽당운(次環碧堂韻)〉_ 임억령(林億齡, 1496~1568)

微雨洗林壑(미우세림학)　이슬비가 숲속을 씻고 가니,
竹輿聊出遊(죽여료출유)　대나무 가마 타고 놀러 갈 만하네.
天開雲去盡(천개운거진)　하늘이 열리고 구름 또한 걷혔고
峽坼水橫流(협탁수횡류)　골짜기의 물은 넘쳐 흘러가네.
白髮千莖雪(백발천경설)　백발은 천 가닥의 눈빛으로 서려 있고,
蒼松五月秋(창송오월추)　푸른 소나무는 오월에도 가을이로다.
飄然蛻螳穴(표연세의혈)　개미가 홀연히 구멍을 훌쩍 떠나가더니
笙鶴戱瀛洲(생학희영주)　생황이란 악기와 학은 영주(瀛洲)를 희롱하네.

한국가사문학관

한 장르의 시가를 집대성한 유일한 문학관

한국가사문학관은 왜 전라도 담양에 있나요?《국어선생님도 궁금한 101 가지 문학 질문 사전》에 있는 질문 중 하나이다. 고전시가 중에 가사(歌辭)라는 장르가 있는데 그것을 기념하는 가사문학관이 왜 전라도 담양에 있는지 국어선생님도 궁금하다고 묻고 있는 것이다. 이 질문에 답을 하려면 가사문학이 무엇인지 알아보는 것이 우선되어야 이해하기 쉽다. '가사'란 오늘날 흔히 생각하는 유행가 노랫말인 가사가 아니다. 가사문학이란 조선시대 초기 사대부 계층에 의해 문학의 한 형식으로 자리 잡게 된다. 형식은 운문이지만 내용이 길어서 산문 같은 성격을

132

가지고 있다. 4음 4보격을 기준 율격으로 할 뿐, 행(行)에 제한을 두지 않는 연속체 율문(律文) 형식을 갖고 있기 때문이다. 내용 또한 기존의 시조와 다르게 제한 요건이 없어 매우 다양하게 전개되었다. 당시에는 가사(歌詞), 가사(歌辭) 등 표기가 혼재되어 불렸지만 오늘날에는 문학 장르 명칭으로 '가사(歌辭)'라고 부른다.

고려시대부터 조선시대에 이르기까지 글을 읽을 줄 안다는 사람들은 중국 서적을 막힘없이 줄줄 외우고 이백, 두보, 한유 등의 한시문을 숭상했다. 한문과 한시가 아니면 시문이라고 할 수 없었던 시절이었던 것이다. 따라서 중화(中華) 사상에 젖어 우리나라의 혼은 어디에서도 찾을 길이 없었다. 이러한 현실을 해결하고자 세종대왕은 한글을 만들었다. 우리의 말을 한자를 빌려 나열하는 것으로는 우리의 느낌을 담아내기에는 한계가 있었고 우리말의 아름다움을 표현하기엔 한자가 적합하지 않았기 때문이다. 사람은 우리나라 사람인데 생각은 중국의 사상을 쫓았으니 맞지 않은 옷을 입은 것처럼 불편했다.

조선시대 초기 사대부들이 한글로 자유롭게 자기 생각을 펼칠 수 있는 시를 쓰기 시작했는데 그것이 바로 가사(歌辭)문학의 시작이다. 가사문학은 장르 자체가 가진 개방성 덕분에 시대가 지날수록 양반뿐 아니라 여인들과 평민들까지 글을 쓸 수 있는 사람들 모두 가사를 썼다. 가사가 본격적으로 보편화된 것은 숙종 이후로, 이전의 형식도 계승되는 한편 〈농가월령가(農家月令歌)〉 같은 실용가사, 남녀 간의 사랑을 주제로 한 평민가사 및 애정가사, 남인 학자들을 중심으로 한 천주교가사, 그리고 규방가사 등이 다양하게 나타난다.

이 시기의 특징은 정확한 기록을 했다는 것과 작가들이 특수 계층이 아니라 규방층과 서민층까지 확대되었다는 점을 들 수 있다. 시집살이의 괴로움, 인생의 무상함을 담은 규방 가사의 수가 엄청난 것으로 보아 남녀노소 할 것 없이 자신의 감정을 솔직하게 담을 수 있는 그릇으로 가사문학이 존재했다는 것을 알 수 있다.

한국 가사문학의 산실, 담양

대쪽같이 올곧은 선비정신을 이어 받은 조선시대 사림(士林)들은 불합리하고 모순된 정치 현실을 비판하고 담양 일원에 누각과 정자를 짓고 자연을 벗 삼아 시문을 지어 노래를 부르기 시작하였다. 한문이 주류를 이루던 때에 국문인 한글로 시(詩)를 지었고 그중 송순의 〈면앙정가〉, 정철의 〈성산별곡〉, 〈관동별곡〉, 〈사미인곡〉 등 무수한 가사가 담양에서 쏟아지면서 담양을 가사문학의 산실이라고 부르게 되었다.

담양군에서는 가사문학의 전승 · 보전과 현대적 계승 · 발전을 위해 2000년 10월에 한국가사문학관을 남면 지곡리에 개관하였다. 한 장르의 시가를 집대성한 문학관은 담양에 있는 한국가사문학관이 유일하다.

가사문학관은 16,556m²의 부지에 2,022m² 규모의 한옥형 본관과 기획 전시실(갤

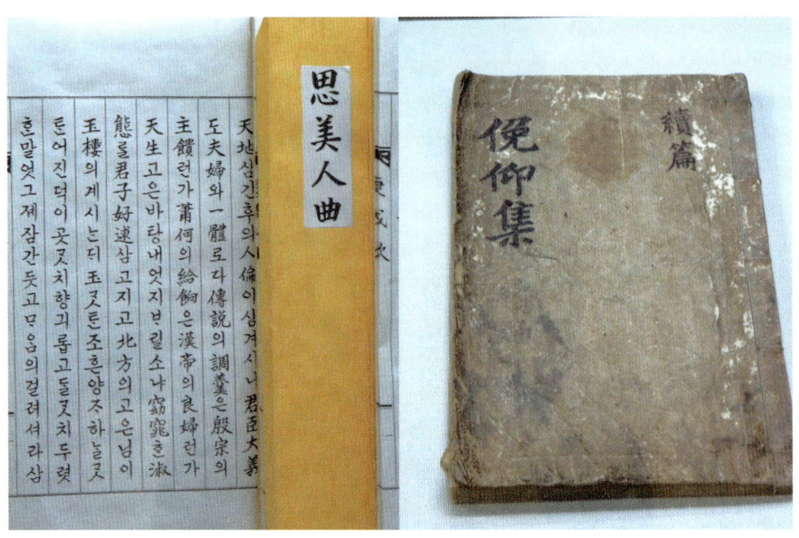

러리), 자미정, 세심정, 토산품 전시장, 전통 찻집 등의 부대시설이 있다. 본관은 지하 1층과 지상 2층으로 이루어져 있으며, 전시실, 수장고, 세미나실, 전시실, 장서실, 자료실, 문화사랑방 등의 시설을 갖추고 있다. 가사문학관에는 송순의 《면앙집》과 정철의 《송강집》, 담양권 가사 18편을 비롯하여 가사 관련 도서 4,500여 권과 유물 200여 점, 목판 535점 등 귀중한 유물이 전시되어 있다. 또한 문학관 주변에는 식영정 · 환벽당 · 소쇄원 · 송강정 · 면앙정 등 호남 시단의 중요한 무대가 자리 잡고 있어 가사문학관과 함께 둘러보면 살아 있는 가사문학 기행이 된다.

가사문학의 꽃을 활짝 피우다

조선시대 최초의 가사는 정극인(丁克仁)의 〈상춘곡(賞春曲)〉이다. 단종이 세조에게 왕위를 빼앗기자 벼슬을 버리고 전라북도 정읍시 태인면에 돌아와 자연에 묻혀 살 때 지은 것으로, 속세를 떠나 자연에 묻혀 봄 경치에 안빈낙도하는 생활을 노래했다. 정극인의 〈상춘곡〉 이후로 가장 주목할 만한 가사인 송순(宋純)의 〈면앙정가(仰亭歌)〉 역시 호남 지방인 전라남도 담양에서 지어졌다.

명분을 중시하던 조선시대 사림들은 모순된 정치 현실을 피하여 따뜻한 기후와 인심이 넉넉한 담양에 누정을 짓고 시단(詩壇)을 결성하고 교류하면서 주옥 같은 시가문학을 창작하였다. 조선중기 이서의 〈낙지가〉를 필두로 20세기 정해정의 〈민농가〉에 이르기까지 600여 년 동안 담양권 가사문학의 제작은 끊임없이 지속되었다. 담양에서 가장 먼저 지어진 이서(李緖)의 〈낙지가(樂志歌)〉는 서사 · 본사 · 결사의 3단 구성으로 되어 있다. 전체 내용은 중국의 처사(處士) 중장통(仲長統)의 삶을 흠모하여 권력 등 세속의 영화는 멀리한 채 자연과 함께하는 안빈낙도의 처사적 삶을 노래한 가사이다.

송순의 〈면앙정가〉 역시 그 내용은 서사 · 본사 · 결사의 3단 구성으로 되어 있다. 가사의 내용은 면앙정(傘仰亭)이 있는 제월봉(霽月峰)의 형세와 면앙정의 모습을 그린 다음, 그 주위의 아름다운 경치를 근경(近景)에서 원경(遠景)으로 묘사하고 춘하추동(春夏秋冬) 사시(四時)의 계절 변화에 따라 짜임새 있게 묘사하였다. 그러면서 이러한 절경(絶景)에서 묻혀 노니는 지은이의 호방한 정회(情懷)를 노래하였다. 강호가도(江湖歌道)를 확립한 노래로, 정극인의 〈상춘곡〉의 계통을 잇고, 정철(鄭澈)의 〈성산별곡(星山別曲)〉에 영향을 주었다. 이 작품은 작가 자신의 은일 생활을 노래한 것으로, 자연의 아름다움과 자연에서 얻어지는 흥취를 사계절의 변화에 따라 읊고 있다.

〈면앙정가〉는 송순이 늦게까지 벼슬하다가 말년에 벼슬에서 물러나 귀향하여 향리인 전라남도 담양의 제월봉 아래에 면앙정을 짓고, 여러 문인들과 교류하면서 산수의 아름다움에 몰입하였는데, 그때의 풍류 생활을 읊은 은일가사이다. 호남 가단을 처음 마련하였으며, 도리(道理)보다 풍류를 더 사랑했던 지은이는 〈상춘곡〉에서 본을 받고 〈성산별곡〉에 영향을 준 이 작품을 지음으로 해서 강호가도를 확립하였다. 시에 나타난 도가사상의 중요한 특성은 인간이 자연과 일체를 이룸으로써 최고선에 도달하고자 하는 데 있다.

특히, 이 작품은 수사법의 보고라고 할 만큼 다양한 표현 방법, 즉 의인, 직유, 반복, 은유, 대조, 상징, 설의, 반어, 대구법 등이 사용되었다. 이 중에서 대구법은 자연의 아름다움이나 그 본질을 표현할 때 특히 많이 사용되었다. 정철은 담양에서 4편의 가사를 지었다. 〈성산별곡(星山別曲)〉, 〈관동별곡(關東別曲)〉, 〈사미인곡(思美人曲)〉, 〈속미인곡(續美人曲)〉 등이 그것이다. 강호 전원생활의 풍류를 우리말의 어감을 한껏 살려 훌륭하게 드러내었다.

〈관동별곡〉은 당쟁으로 담양에 물러나 있던 정철에게 강원도 관찰사가 제수되자 그때의 기쁨과 관동 지역의 승경 탐승으로 고조된 정서를 진솔하게 읊었는데, 작자의 풍류와 함께 관료로서의 포부 및 연군의 정을 우리말의 묘미를 유감없이 살려 4단락에 나누어 매우 적절하게 노래했다는 평을 받고 있다.

〈사미인곡〉 또한 〈성산별곡〉처럼 6단 구성으로 되어 있다. 서사 · 춘원 · 하원 · 추원 · 동원 · 결사 등이 시간의 순서에 따라 전개되어 있다. 그 내용은 임과 이별을 한 어떤 여인의 입장을 빌어 불우한 자신의 처지를 노래하였는데 〈속미인곡〉과 함께 충신 연주가사의 백미이다.

달빛 카페

탁본 체험

주소 전라남도 담양군 남면 가사문학로 877

전화 061-380-2700~2703

시간 09:00~18:00(연중무휴)

요금 어른 2,000원, 청소년 1,000원, 어린이 700원

홈페이지 http://www.gasa.go.kr

대중교통 담양버스터미널에서 311번 버스 탑승 후 농산물공판장에서 하차(약 45분 소요), 충효187번으로 환승해서 환벽당에서 하차(약 60분 소요), 도보로 이동 3분.

송강정(松江亭)

정철의 가사문학 작품이 탄생한 정자

1584년(선조 17년) 정철이 대사헌을 지내다가 당쟁으로 물러난 후 담양군 고서면에 죽녹정(竹綠亭)을 준수하고 송강정(松江亭)이라 불렀다. 그는 4년간 이곳에 머물며 가사 작품 〈사미인곡〉과 〈속미인곡〉을 남겼다.

교과서에서 정철의 시를 배웠던 덕분에 그의 이름은 누구나 알고 있지만 그의 인생사에 대해 자세히 알고 있는 사람은 많지 않다. 그래서 KBS 드라마 〈징비록〉에 나오는 정철의 모습은 당대 가사문학의 대가로서 시조의 윤선도와 함께 한국 시가 사상 쌍벽으로 일컬어지는 송강 정철이 맞는지 갸우뚱하게 된다. 우리가 알고 있는 〈관동별곡(關東別曲)〉 등을 지은 조선중기 최고의 시인과 정치인으로서의 정

140

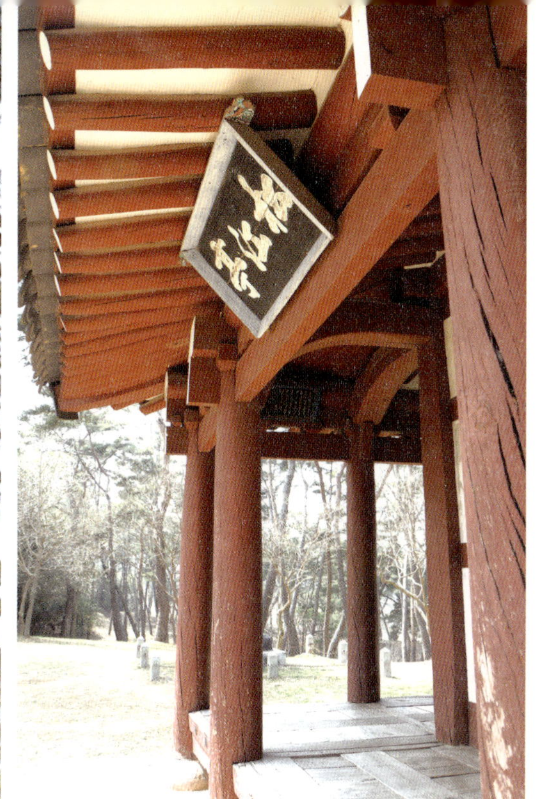

철의 모습은 많이 다르기 때문이다.

조선시대 선비 중에서 정철만큼 파란만장한 일생을 산 사람도 흔치 않다. 그는 서울 장의동에서 4남 3녀 중 막내로 태어났다. 아버지 정유침의 벼슬은 높지 않았으나 어린 시절 정철은 유복한 생활을 했다. 큰누나가 인종(仁宗)의 귀인(貴人) 즉, 후궁이었고 둘째 누나가 왕족 계림군(桂林君) 유(瑠)의 부인이었기 때문에 왕실의 인척으로 위세가 대단하였다. 궁중에 출입하면서 어린 경원대군(慶原大君은 훗날 명종이 된다)과 동갑이었던 정철은 친구로 지내기도 했다.

그러나 1545년 명종(明宗)이 왕에 오르자마자 을사사화(乙巳士禍)에 계림군(桂
林君)이 연루되어 처가인 정철의 집안은 큰 곤란을 겪는다. 아버지는 함경도 정평
으로, 큰형은 전라도 광양으로 유배를 간다. 그때 정철의 나이 10세였다. 2년 후 다
시 양재역 벽서 사건이 나자 그의 아버지는 다시 경상도 영일로 유배되었고 큰형
은 붙잡혀와 매를 맞아 죽는 슬픔을 맞는다. 정철은 1545년 을사사화 이후 1551
년 아버지의 유배가 풀릴 때까지 6년간 아버지의 유배지를 쫓아다니며 비참한 생
활을 하게 된다. 유배가 풀리자 정철과 그의 가족은 할아버지의 산소가 있는 전라
도 담양 창평 당지산(唐旨山) 아래 지실마을로 이사를 온다.

운명을 받아들이는 방법

정철(鄭澈, 1536~1593)은 본관이 연일(延日)이었고 자는 계함(季涵), 시호는 문청(文淸), 호는 송강(松江)이다. 1561년 진사시, 다음 해 별시문과에 각각 장원, 전적(典籍) 등을 역임하고 1566년 함경도 암행어사를 지낸 뒤 이이와 함께 사가독서(賜暇讀書)하였다. 1580년 45세 때 강원도관찰사가 되었으며, 이때 〈관동별곡〉과 〈훈민가(訓民歌)〉 16수를 지어 시조와 가사문학의 대가로서의 능력을 발휘하였다.

그 뒤 전라도관찰사, 도승지, 예조참판, 함경도 관찰사 등을 지냈으며, 48세 때 예조판서로 승진하였고 이듬해 대사헌이 되었으나 동인의 탄핵을 받아 다음해에 사직했다. 중앙에서 승승장구하던 그였기에 고향인 창평으로 돌아가 4년간 은거 생활을 하는 동안 버려졌다는 기분을 지우기 힘들었을 것이다. 그러나 운명은 받아들이되 패배하지 않았던 그는 송강정 초당에서 제자를 키우고 역사에 길이 남을 〈사미인곡〉, 〈속미인곡〉 등의 가사와 시조, 한시 등 많은 작품을 집필하며 당대의 문인으로 우뚝 서는 기회로 만들었다.

그는 자신을 몰아낸 동인들을 미워하며 잘못 되어가는 세태에 슬프고 분하여 마음이 북받쳐 비분강개로 탄식하며 시간을 낭비하지 않았다. 스스로 공부에 전념하였고 어린 후학들을 가르치며 서책을 읽고 원고를 집필했다. 전쟁 같았던 정치에서 벗어난 것은 어떤 의미로는 정철의 전성기였을지도 모른다.

송강정이 있는 동산에 오르면 울울창창한 소나무숲이 찾아온 이들을 맞아준다. 이곳이 명소가 되자 주차장 건너편으로 음식점들이 생겨 다소 불편하지만 그래도 정철의 삶을 음미할 정도의 호젓함은 남아 있다. 이 길을 밤낮으로 오가던 정철의 모습을 상상해본다. 낙향의 쓴 기억을 위대한 문학을 집필하는 계기로 운명을 바꾼 송강정을 다시 한 번 천천히 둘러본다. 오늘날 존경하는 조선시대 최고의 문인으로 정철이 기억되는 것은 그가 머물렀던 송강정이 위치한 곳이 아름다운 풍경을 가진 담양이었기 때문에 가능했을 것이다.

꺾일지언정 휘어지지 않았던 선비

선조(宣祖)는 정철을 이렇게 말했다. "정철은 그 마음이 곧고 행실은 바르나 다만 그 말이 곧아 당대에 용납되지 못하고 사람들로부터 미움을 샀노라. 그러나 그가 힘을 다해 직무에 충실했던 점과 맑고 충직한 절의 때문에 초목조차 그 이름을 다 기억한 다. 정말 이른바 백관 중의 독수리요, 대궐의 맹호라 할 만하다. 이런 사람을 죄 주면 주운(朱雲, 중국 한나라 때 충신) 같은 충신을 목 베어야 한다는 말과 같으리라."

> 독수리는 중국 후한 때 재상 공융이 예형을 천거하면서 솔개 백 마리가 있다 해도 한 마리 독수리를 당 하지 못한다는 데서 유래한 것이고, 대궐의 맹호란 송나라 유안세가 간의대부로 있으면서 오직 공도만 을 지키고 불의에 타협하지 않는 데서 유래한 것이다.

임금이 신하를 평하는 말로는 대단한 찬사가 아닐 수 없다. 그렇지만 옳다 판단하면 절대 굽히지 않고 직언을 하는 그였기에 선조의 명으로 여러 번 파직을 당했고 끝내는 귀양살이를 했다. 청년 시절 담양에서 당대의 석학들에게 학문을 배워 당당하게 장원급제하면서 관직에 나갔지만 그의 정치 인생은 녹록하지 않았다. 조선 시대의 선비가 그랬듯이 문인이기 이전에 관직에 등용된 공직자였고 동서로 갈린 정쟁이 가장 극심한 시대를 살았기 때문이다.

정철은 〈성산별곡〉, 〈관동별곡〉, 〈사미인곡〉, 〈속미인곡〉 등 4편의 가사 이외에도 1백여 수 이상의 시조 등 주옥과 같은 작품이 전한다. 그가 남긴 가사문학을 읽어 보면 문학사적인 면에서는 대단히 성공한 문인이지만 정치인으로서는 실패를 거듭했다. 그래서 정치인 정철에 대한 기록은 극과 극으로 나뉜다. 그러나 누가 뭐라든 전 생애에 걸쳐 일관되었던 것은 원칙과 소신에 따른 관료생활을 했다는 것이다. 정철은 타협은 고사하고 차선도 몰랐던 '꺾일지언정 휘어지지 않았던' 선비의 표상이었다.

주소 전라남도 담양군 고서면 송강정로 232
시간 제한 없음(연중무휴)
입장료 없음
홈페이지 http://tour.damyang.go.kr
대중교통 담양버스터미널에서 322번, 322-1번 군내버스 탑승 후 쌍교삼거리 정류장에서 하차 후 좌회전해서 도보 100m(약 40분 소요).

면앙정(俛仰亭)

가파른 돌계단을 오르기 시작하면 시야에 지붕 끝이 보이기 시작한다. 오를수록 점점 그 모습이 드러나는 데 다 오르고 나면 만나는 것은 너무도 소박한 모습의 자그마한 정자 한 채뿐이다. '죽기 전에 꼭 가봐야 할 국내 여행지'라면 뭔가 더 있어야 할 것 같지만 면앙정에서 눈에 보이는 볼거리는 이것이 전부이다. 그러나 송순이 지은 시에서 전해지고 있는 면앙정에 대한 내용을 살펴보면 면앙정을 추천하는 이유가 이해가 된다. 송순이 지은 잡가(雜歌) 2편과 《청구영언》 등 가집(歌集)에서 면앙정의 면모를 살펴볼 수 있다.

十年(십년)을 經營(경영)ᄒ여 草廬三間(초려삼간) 지여내니

나 ᄒ간 ᄃᆞᆯ ᄒ간에 淸風(청풍) ᄒ간 맛져 두고

江山(강산)은 들일 ᄃᆡ 업스니 둘러 두고 보리라

위의 내용을 현대적으로 이해하기 쉽게 풀어보면 다음과 같다.

십 년을 계획하여 초가삼간을 지어내니

나 한 칸, 달 한 칸, 청풍(淸風) 한 칸 맡겨 두고

강산(江山)은 들일 곳 없으니 둘러놓고 보리라

작은 초가집을 지어 달과 바람에게 한 칸씩 내어주고 강산은 병풍처럼 둘러놓고 지내겠다는 송순의 이상향을 노래한 시에 나오는 그곳이 바로 우리 앞에 있는 소박한 모습의 면앙정인 것이다. 실제로 송순은 면앙정을 짓는 데 10년이라는 시간이 걸렸기 때문에 '십년을 경영하여'는 이러한 사실의 반영으로 보인다. 십 년을 계획하여 초가삼간을 지었다는 표현을 통해 송순은 욕심이 없는 삶을 추구하는 사람이었음

을 알 수 있다. 세 칸짜리 작은 초가집을 자신과 달, 청풍과 나누어 쓰고, 드넓은 강산은 작은 집에 들여놓을 수 없으니 집 주위에 둘러놓고 보겠다고 한다.

시에서는 세 칸짜리 작은 초가집이라고 하지만 이 건물은 정면 3칸, 측면 2칸이며 전면에는 좌우에 마루를 두고 중앙에는 방을 배치하고 있어 정작 사람이 머물 수 있는 방은 1칸뿐이다. 방을 중심으로 좌우에 마루를 두고 달과 바람에게 내어준다는 멋들어진 표현을 하고 있다. 이것은 자연과 함께 순순하게 순응하면서 살고 싶다는 물아일치(物我一致)의 경지를 보여준다.

송순은 조선중기의 문신으로 높은 관직생활을 오래도록 하고 77세로 은퇴하여 세상을 떠나는 91세까지 이곳에서 안빈낙도(安貧樂道)의 생활을 했다. 자그마한 정

자에서 자연을 벗 삼으며 학문을 연구하고 퇴계 이황을 비롯한 강호제현과 학문을 논하며 어린 학생들을 가르쳤다. 은퇴 후 유유자적 살아가는 송순의 여유롭고 행복한 모습을 상상해보니 감탄이 절로 나온다. 면앙정에 앉아 병풍처럼 둘러진 풍경을 둘러본다. 보다 더 큰 집을 가지려고 기를 쓰고 세상 물건들로 집을 가득 채우고도 허전함을 채울 길 없는 지금의 사람들을 송순이 본다면 뭐라고 했을까?

조선중기 때의 문신, 송순

면앙정가단의 창설자, 강호가도(江湖歌道)의 선구자라 불리는 송순(宋純, 1493~1532)은 담양군 봉산면 상덕 마을에서 성종 24년에 출생하였다. 본관은 신평(新平), 자는 수초(遂初), 호는 기촌(企村) 또는 면앙(俛仰)이다. 증이조판서 태(泰)의 아들로 1519년(중종 14년) 별시문과에 을과로 급제하여 승문원권지부정자를 시작으로 1520년 사가독서(賜暇讀書)를 마친 뒤, 1524년 세자시강원설서(世子侍講院設書)가 되고 1527년 사간원정언이 되었다.

1533년 김안로(金安老)가 권세를 잡자, 귀향하여 면앙정을 짓고 시를 읊으며 지냈다. 1537년 김안로가 사사된 뒤 5일 만에 홍문관부응교에 제수되고, 다시 사헌부집의에 올랐다. 이어 홍문관부제학, 충청도어사 등을 지냈고, 1539년 승정원우부승지에 올라 4월 명나라의 요동도사(遼東都司)가 오자 선위사가 되어 서행(西行)하

였다. 그 뒤 경상도관찰사, 사간원대사간 등의 요직을 거쳐 50세 되던 해인 1542년 윤원형과 황헌(黃憲) 등에 의하여 전라도관찰사로 피출(被黜)되었다. 1547년(명종 2년)에는 동지중추부사가 되어《중종실록》을 찬수하였다.

그해 5월에 주문사로 북경에 다녀와 개성부유수를 거쳐 1550년 대사헌 이조참판이 되었으나, 진복창(陳福昌)과 이기 등에 의하여 사론(邪論)을 편다는 죄목으로 충청도 서천으로 귀양 갔다. 이듬해에 풀려나 1552년 선산도호부사가 되고, 이해에 면앙정을 증축하였다. 이때 기대승이 〈면앙정기〉를 쓰고 임제(林悌)가 부를, 김인후(金麟厚), 임억령(林億齡), 박순(朴淳), 고경명(高敬命) 등이 시를 지었다.

이후 전주부윤과 나주목사를 거쳐 70세에 기로소조선시대에, 70세가 넘는 정이품 이상의 문관들을 예우하기 위하여 설치한 기구에 들고, 1568년(선조 1년) 한성부좌윤이 되어《명종실록》을 찬수하였다. 이듬해 한성판윤으로 특승하고 이어 의정부우참찬이 된 뒤, 벼슬을 사양하여 관직 생활 50년 만에 은퇴하였다. 이때가 그의 나이 77세였다. 송순은 성격이 너그럽고 후하였으며, 특히 음률에 밝아 가야금을 잘 탔고, 풍류를 아는 호기로운 재상으로 일컬어졌다.

일찍이 박상(朴祥)과 송세림(宋世琳)을 스승으로 섬겼으며, 교우로는 신광한(申光漢), 나세찬(羅世纘), 이황(李滉), 박우(朴祐), 정만종(鄭萬鍾), 송세형(宋世珩), 홍섬(洪暹), 임억령(林億齡) 등이 있다. 문하 인사로는 김인후(金麟厚), 임형수(林亨秀), 노진(盧禛), 박순(朴淳), 기대승(奇大升), 고경명(高敬命), 정철(鄭澈), 임제(林悌) 등이 있다. 이들과 관련하여 유명한 일화로 1579년, 송순의 과거 급제 60년을 축하하기 위한 회방연(回榜宴)이 면앙정에서 열렸는데 송강 정철의 제의로 고경명, 임제, 이후백 등이 직접 가마를 맸다고 한다.

면앙정은 그가 담양의 제월봉 아래에 세운 정자로서 호남 제일의 가단(歌壇)을 형성하였다. 여기에는 임제, 김인후, 고경명, 임억령, 박순, 이황, 소세양(蘇世讓), 윤두수(尹斗壽), 양산보, 노진 등 많은 인사들이 출입하여 시 짓기를 즐겼는데, 특히 그는 〈면앙정삼언가〉, 〈면앙정제영(俛仰亭題詠)〉 등 수많은 한시(총 505수, 부 1편)와 국문 시가인 〈면앙정가〉 9수, 단가(시조) 20여 수를 지어 조선 시가문학에 크게 기여하였다.

문집으로는 《면앙집》이 있다. 송순의 대표적인 가사(歌辭) 〈면앙정가〉는 송순이 1524년(중종 19) 그의 고향인 담양에 면앙정을 짓고 지내면서 기촌(企村) 제일봉 밑의 면앙정을 중심으로 산수의 아름다움과 정서 등을 146귀로 읊은 것으로 《기촌집》에는 한역되어 있으나 가곡집에 한글로 전한다. 그 정조(情調)나 표현, 어귀(語句) 등으로 미루어 정철의 가사 작품에 많은 영향을 미쳤음을 알 수 있다.

송순(宋純)의 면앙정

면앙정은 전라남도 담양군 봉산면 제월리에 위치한 정자로 전라남도 기념물 제 6호로 지정되었으며 이 정자는 송순(1493~1582)이 41세가 되던 1533년(중종 28)에 잠시 벼슬을 버리고 고향에 내려와 이 정자를 짓고, 〈면앙정삼언가(俛仰亭三言歌)〉를 지어 정자 이름과 자신의 호(號)로 삼았다.

송순은 77세로 은퇴하여 세상을 떠나는 91세까지 이곳에 머물면서 퇴계 이황 선생을 비롯하여 강호제현들과 학문과 국사를 논했으며 기대승, 고경명, 임제, 정철 등의 후학을 길러낸 유서 깊은 곳이다. 건물은 동남향이며, 건물은 정면 3칸, 측면 2칸이며 전면에는 좌우에 마루를 두고 중앙에는 방을 배치하였다. 즉, 한가운데에 한 칸 넓이의 방이 있을 뿐이다. 기둥은 방주(方柱)를 사용하였으며 주두(柱頭)조차 생략되고, 처마도 부연(浮椽)_{처마 끝에 덧 얹어진 짤막한 서까래}이 없는 간소한 건물이다. 골기와의 팔작지붕_{네 귀에 추녀를 달아 만든 지붕} 건물이며 추녀의 각 귀에는 활주(活柱)_{기둥}가 받치고 있다. 정자 안으로는 〈면앙정삼언가〉를 비롯하여 이황, 기대승, 임억령, 고경명 등이 쓴 현판 10개가 걸려 있다. 1597년(선조 30년) 임진왜란으로 건물이 파괴되었고 지금의 정자는 후손들이 1654년(효종 5년)에 중건한 것이다. 이후 여러 차례 보수를 했으며, 1979년과 2004년에 지붕을 새로 올렸고, 주변 대나무와 잡목을 제거하여 시야를 확보하였다.

참고자료
《담양향토문화집》, 담양향토문화편찬위원회, 1972
《전남문화재대관》, 임해림, 1975
《내고장 담양》, 담양군, 1982

주소 전라도 담양군 봉산면 면앙정로 382-11
시간 제한 없음 (연중무휴)
입장료 없음
홈페이지 http://tour.damyang.go.kr
대중교통 담양버스터미널에서 322-1번 버스를 타고 면앙정 정류장 하차(약 25분 소요).

독수정원림(獨守亭園林)
고독했지만 자존심을 아름답게 지켜낸 삶

독수정으로 오르는 길은 참으로 조용하다. 그리고 아름드리 빼곡한 나무 숲은 싱그러운 나무 냄새가 참 좋다. 정신없이 바쁘게 살아가고 있는 당신이 이 길을 걷는다면 자연이 주는 완전한 편안함에 여유를 찾게 될 것이다. 그렇지만 만약, 다양한 볼거리로 유혹하는 화려한 여행지를 원한다면 그대로 돌아서 다른 곳으로 가야 한다. 분주함을 원하는 그대라면 독수정은 해야 할 일이 별로 없는 곳이다. 대신 연인의 손을 잡고 걷는다면 쿵쾅거리는 상대의 심장 소리마저 들을 수 있는 특별한 곳이기도 하다.

회화나무, 느티나무, 자미나무, 왕버들, 소나무, 참나무 등 오래된 나무들이 숲을 이룬 산자락 길을 걷다보면 속세를 떠난 신선의 땅에 온 듯한 느낌을 받는다. 그때쯤 언덕 위에 자그마한 정자가 나타난다. 독수정에 도착하면 '무돌 5길'이라는 작은 표지를 보게 되는데 독수정에서 경상리 정자까지 4.8km, 약 2시간 걷는 무등산 둘레길이다. 나 홀로 여행이라면 적막한 정자 마루에 걸터앉아 마음 가는 대로 여유를 부려보자.

무돌길은 5백여 년 전에 무등산을 빙 둘러 있는 마을을 걸어서 넘나들던 선조들의 옛길 총 15길로, 길이는 약 50km이며 걸어서 총 18시간이 걸린다.

서두르지 않는다면 예상치 못했던 뜻밖의 풍경에 마음이 설레기도 한다. 원림의 가장 아름다운 모습을 보고 싶다면 매화와 산수유 꽃이 피는 이른 봄철에 와야 한다. 숲이 우거져서 녹음을 드리우는 여름에는 에어컨보다 시원한 그늘과 바람을 만끽할 수 있다. 깊은 가을에 독수정에 온다면 가장 한가롭고 여유가 있는 때를 선택한 것이다. 서은 전신민의 대쪽 같은 절개를 뼛속까지 느껴보고 싶다면 겨울도 좋다.

정자 앞뜰에는 자미나무, 살구나무, 매화나무, 산수유나무 등의 수목이 심어져 있는데 특별히 대나무와 소나무는 불사이군(不事二君)의 표현이었다고 한다. 독수정의 주인이었던 전신민(全新民)은 망한 고려에 대한 의리를 마지막까지 홀로 지킨 사람이다. 이 시대의 정치인들은 전신민의 선택에 대해 어떻게 생각할까 궁금해졌다.

불사이군(不事二君) : 충신(忠臣)은 두 임금을 섬기지 않는다는 뜻.

나에게 어떤 위기가 와도 끝까지 믿고 의리를 지켜줄 친구가 있다면 인생길이 얼마나 든든할까? 담양의 정자를 살펴보는 여행에서는 늘 역사와 일상이 만나는 지

점을 경험할 수 있다. 소리내어 말하고 있지는 않지만 많은 것을 들려주고 있는 독수정의 푸르른 숲길을 걸으며 고독했지만 자존심을 아름답게 지켜낸 전신민의 마음을 이해할 수 있었다.

올곧은 한 길, 홀로 신의를 지키다

고려 공민왕(재위 1351~1374) 때 북도안무사(北道按撫使) 겸 병마원수(兵馬元帥)였던 서은(瑞隱) 전신민(全新民)은 병부상서(兵部尙書)로 나라 일을 맡고 있을 때 국운이 점점 기우는 것을 보고 포은(圃隱) 정몽주(鄭夢周)와 뜻을 같이 한다. 그러나 포은이 선죽교에서 이방원에 의해 무참히 살해당하고 결국 고려가 망하게 되자 두 나라를 섬기지 않을 것을 두문동(杜門洞) 72현과 다짐한다. 이후 그는 이성계의 만류에도 불구하고 담양 산음동(山陰洞)으로 내려와 독수정을 짓고 숨어 사는 삶을 선택한다.

> 당시 전신민과 같은 마음으로 호남으로 내려와 은거한 고려 충신으로는 범세동과 정지장군 등이 있다.

독수정이라는 이름은 이백(李白)이 쓴 "백이숙제는 누구인가. 홀로 서산에서 절

157

개를 지키다 굶어죽었네.(夷齊是何人獨守西山餓)"에서 '독수(獨守, 홀로 지키겠다)'의 의미를 따온 것이다. 두 임금을 섬기지 않겠다고 수양산으로 들어간 백이와 숙제처럼 서은도 두 나라를 섬기지 않고 초야에서 살겠다는 고려에 대한 일편단심을 함축하고 있다. 또한 다른 정자들은 대부분 남쪽을 향하고 있는데 독수정은 정자의 방향이 북쪽을 향하고 있다. 그 이유는 고려의 임금이 계신 송도(松都)의 방향이 북쪽이었기 때문에 북향 재배를 하기 위해서였다. 전신민은 매일 이른 아침에 일어나 조복(朝服)을 입고 북쪽을 향하여 울며 절을 했으며 자신 스스로를 '미사둔신(未死遯臣, 죽지 못하고 달아난 신하)'이라고 했다.

건물은 정면 3칸, 측면 3칸의 팔작지붕으로 정면 1칸과 온돌방이 있다. 정자 내에는 독수정십사경(獨守亭十四景) 등 시문들이 걸려 있는데 전신민의 〈독수정원운(獨守亭原韻)〉은 고려 왕조와의 의리를 지키고자 은둔하며 독수정을 짓게 된 이유를 시에 오롯이 담고 있다.

風塵漠漠我思長　풍진 세상은 아득하고 나의 감회는 깊으니

何處雲林寄老蒼　어느 구름 속 깊은 곳에 늙은 몸을 의탁할까.

千里江湖雙髮雪　머나먼 천리 길에 두 귀밑머리는 흰 눈 같은 색이 되고

百年天地一悲凉　한 평생 세상은 오직 슬픔뿐으로 처량하네.

王孫芳草傷春恨　왕손의 향기로운 풀에는 봄의 한이 서려 있고

帝子花枝叫月光　두견새는 꽃가지에서 달을 보고 우누나

卽此靑山可埋骨　바로 이곳을 죽을 곳으로 정하고

誓將獨守結爲堂　나 홀로 절개를 지키려고 이 집을 짓는다네.

　－전신민의 〈독수정원운(獨守亭原韻)〉

그밖에 조선 후기에 완산(完山) 이광수(李光洙)는 이곳의 풍경을 〈독수정십사경(獨守亭十四景)〉에 담았다. 14경 중에서 독수정의 운치 있는 겨울의 풍광을 읊은 〈섬계명월(剡溪明月)〉은 다음과 같다.

明月初生雪未收　초생달은 맑고 눈은 내리는데

山陰半到一汀洲　산그늘은 저 물가에 반쯤 드리웠네.

故人無限今宵興　오늘밤엔 친구들과 흥을 못 이겨

鮮向溪頭上小舟　저 시내머리에서 작은 배를 타고 놀았네.

　-이광수의 〈독수정십사경〉 中 〈섬계명월(剡溪明月)〉

조선시대 초기인 1390년에 지었던 독수정은 고종 28년(1891) 후손에 의해 재건되었고 1972년 증수하여 오늘에 이르고 있다. 정자를 허물고 1972년에 새로 지었다는 이유로 문화재 지정을 받지는 못했지만 독수정을 중심으로 우람한 수목들이 만들어낸 아름다운 원림은 1982년 10월 전라남도 기념물 제61호로 지정되었다. 독수정 입구에 놓인 다리를 건너면 5대(代)에 걸쳐 아홉 명의 효자가 난 전신민의 후손을 기리는 비석이 있다. 전신민의 묘는 정자에서 조금 떨어진 뒷산 산자락에 있는데 묘에는 '서은전선생지묘(瑞隱全先生之墓)'라고 적힌 비석이 서있다. 무등산 원효계곡에서 흘러나온 물은 창암천(蒼巖川)을 지나면서 주변으로 조선시대 선비들을 불러 모아 자연을 벗 삼아 시를 읊는 정자를 짓게 해 호남 지역 사림문화의 꽃을 피웠다. 여행객들은 대부분 소쇄원만 둘러보고 휘리릭 서둘러 돌아가버리는데 진짜 여행을 꿈꾸고 있다면 망설이지 말고 다른 정자들도 둘러보자.

창암천(蒼巖川) 주변에는 소쇄원 이외에 독수정, 환벽당, 식영정이 있다. 그중에서도 창암천 제일 상류에 있으며 그 역사 또한 가장 오래된 독수정으로 가보자. 소쇄원에서 북쪽 방향 화순쪽으로 1.4km 거슬러 올라가면 무등산의 한 자락 기슭에 독수정이 있다. 소나무숲속에서 나를 찾지 말라는 듯 꼭꼭 숨어 있는 독수정은 다른 정자들과는 사뭇 다른 매력이 있다.

주소 전남 담양군 남면 독수정길 33

시간 제한 없음(연중무휴)

입장료 없음

홈페이지 http://tour.damyang.go.kr

대중교통 담양버스터미널에서 311번 버스를 타고 농산물공판장에서 하차(약 45분 소요), 충효 187번 버스로 환승해서 연천에서 하차(약 1시간 15분 소요), 이후 도보 3분.(총 약 2시간 소요)

상월정(上月亭)

'달이 머무는 정자'라는 뜻을 가진 상월정은 고려시대부터 천 년 동안 학문을 닦아 세상을 구하고자 했던 사람들이 머물렀다고 한다. 천 년이나 명맥을 이어온 공부방이 몹시 궁금했다. 붓을 닮은 산, 월봉산(月峰山) 중턱에 자리한 달빛을 머금은 상월정은 청룡, 백호 날개가 펼쳐진 지세로 큰 뜻을 품은 청년들을 길러내고 훈련하기에 적합한 기운이 있다고 한다.

창평을 여행하다가 오후 일정으로 잠시 상월정이 가고 싶어 무턱대고 찾아나섰는데 길을 잘못 들어 몽한각으로 갔다. 덕분에 이서가 14년간의 유배 생활 동안 후학

을 가르쳤던 곳인 몽한각을 둘러볼 수 있었지만 상월정에 대한 궁금증은 더 커지게 되었다. 창평을 여행하는 동안 상월정 가는 길을 물어보니 월봉산을 가리키며 '저기'라고만 한다. 용운지를 지나 푸르른 산 어딘가에 있다는 뜻이다.

다음날 이른 아침부터 작정을 하고 상월정으로 향했다. 상월정으로 가는 길 곳곳에 싸목싸목길이라는 표지가 있었다. 싸목싸목은 '느리게 천천히'라는 뜻의 전라도 말이라고 한다. 길을 걸으며 '싸목싸목, 싸목싸목' 이 말을 노래하듯 리듬을 넣어 반복하며 걸어 올라갔다. 길 안내자가 없으니 정말 이 길로 계속 가면 상월정이 있을까 마음에 의심이 일어났다. 그렇지만 싸목싸목 길은 아름다운 초록길이었기 때문에 상월정이 없더라도 후회는 없다는 마음이 들었다. 오르는 숲길에는 자신의 신념을 지켜 달라는 듯이 간절한 마음으로 서있는 돌탑들이 곳곳에 있었다.

어제는 급한 마음으로 상월정을 찾으려 했으니 상월정이 꼭꼭 숨어 있었던 것은 아니었을까. 싸목싸목 느리게 천천히 가다보면 오늘은 꼭 만날 수 있을 것 같았다. 깊은 숲으로 난 길을 들어갈수록 깊은 정적에 왠지 알 수 없는 두려움이 밀려와야 하는데 싸목싸목길은 햇살이 가득한 숲이어서 그런지 길을 걷는 내내 마음이 따뜻했다.

작은 열매들을 찾아먹는 동물들을 만날 것 같은 깊고 깊은 숲속에서 뜻밖의 도서관을 만났다. 숲속 도서관 표지판을 읽어보니 예전에 이곳은 상월정에서 글을 읽는 하얀 얼굴의 선비들을 선망했던 마을 아이들이 책 읽는 소리를 귀로 듣곤 했던 장소라고 한다. 이제는 글 읽는 선비의 소리는 없지만 여행자들이 마음의 눈으로 진주 같은 신기한 이야기를 소리 없이 듣는 곳이라고 한다.

공부를 해 뜻을 이루기 위해 찾아오는 곳

상월정에 도착해보니 작고 소박한 한옥 한 채가 기다리고 있었다. 보통 8~9명이 거주했을 정도의 아담한 크기였고 보존 상태는 좋았다. 상월정은 원래 고려 경종 1년(976)에 지어진 대자암(大慈庵)이라고 하는 불교의 암자였다가 조선초기 1457년 언양 김씨인 김응교에 의해서 상월정이라는 이름으로 바뀌었다고 한다. 고려시

대부터 양반가 자제들이 공부를 하기 위해 머물렀고 조선시대 상월정으로 이름이
바뀐 후에도 과거를 준비하는 양반가 자제들이 찾아와 공부를 해 뜻을 이루었다고
한다. 그 후 1980년대까지 많은 고시생이 자연의 품안에서 정진하며 학문을 닦았
다. 당시 고시생을 돌봐주시던 할머니가 계셨는데 합격할 사람이 오면 그가 머무
는 방에 불덩이가 이는 게 보였다는 신기한 이야기도 전해온다.

민족 지도자들을 길러낸 고정주 선생

상월정을 스쳐간 천 년의 시간 중에 가장 감동적인 역사는 조선을 위해 모든 것을
내놓은 큰 스승 춘강(春崗) 고정주(高鼎柱) 선생이다. 그는 13세의 어린 나이에
상월정에 머물면서 학문에 정진했다. 이후 성장하여 정계에 진출하여 홍문관시독
(弘文館侍讀), 비서원랑선(秘書院郎), 비서감랑 겸 홍문관시독(秘書監郎兼弘文
館侍讀), 비서랑 겸 예시원상례(秘書郎) 등에 제수(除授)되었다. 조선 말기 규장
강의 직각 겸 황자전독에 임명되었으며 비서감승이 되었다. 규장각 직각은 지금으
로 비교하면 국립도서관 도서관장으로 국내외의 모든 자료를 살피고 세계가 어찌

돌아가는지 한눈에 볼 수 있는 자리였다. 그러나 1905년 을사조약이 체결되자 크게 낙심하여 모든 벼슬을 그만두었다. 직접 수많은 책과 선생님들을 데리고 고향 창평으로 내려와 어려서 공부에 전념하던 상월정을 수리하여 사립학당 창평영학숙(昌平英學塾)을 열었다. 김성수(金性洙, 고려대 설립, 2대 부통령), 김병로(金炳魯, 초대대법원장), 송진우(宋鎭禹, 3대 동아일보 사장)를 불러 상월정에서 영어를 가르친 것이 그 시작이며, 이들이 제1회 졸업생들이다. 서울에서 초빙되어 온 교사 중 이표(李瀌)는 영어와 한학에 조예가 깊었던 선생님이었다. 영학숙은 이후 창흥의숙(昌興義塾)으로 발전되었다. 교과목은 한문은 물론 국사·영어·산술 등 신학문을 가르쳤다. 춘강(春崗) 고정주(高鼎柱) 선생님의 나이 44세 때였다.

"고리타분한 선비가 되지 마라. 반드시 고금과 사리에 통달하여 시무를 훈련하여 얻은 연후에야 쓸 만한 그릇이 될 것이다."라고 말했다.

이재의(1993), 〈호남 근대교육의 선구자, 고정주〉, 《藝鄕》 3월호, 광주일보, p37

단발령에 대한 반발이 심했던 때인데 고정주 자신은 전통적인 유림이었으나 구학으로는 난국을 피할 수 없다는 것을 인식하고 학생들 앞에서 직접 자신의 상투를 잘랐다. 상투를 생명같이 여기던 당시의 상황으로는 매우 큰 사건이 아닐 수 없었다. 신학문을 매우고 익혀 나라를 구해야 한다는 신념을 보여주기 위함이었다.

당시의 지식인들은 의병을 일으키는 무력 투쟁이나 근대적인 교육을 통한 실력 양성이라는 두 갈래의 길을 선택해야 했다. 호남에서는 의병 투쟁이 격렬하게 진행되고 있었지만 그는 관직생활을 통하여 체득한 안목으로 학교를 세워 재능 있는 후진을 양성해 그들이 일본으로부터 다시 국권을 회복하는 길밖에 없다고 생각했고 그의 신념은 근대 교육의 밑받침이 되었다. 그의 뜻은 훗날 민족 지도자들을 배출하는 큰 결실을 보게 되었다.

깊은 산 속에 조용히 앉아 있는 상월정을 만나 오늘날 우리가 왜 공부를 해야 하는지, 왜 책을 읽어야 하는지에 대한 답을 찾을 수 있었다. 상월정 오른편에는 오늘도 변함없이 맑은 약수가 흐르고 있다. 옛 선비들이 소리내어 책을 읽던 목을 적셔 주었던 물을 나도 한 바가지 마셔본다. 자연의 품안에서 오로지 학문에만 정진하며 지혜를 선물 받았던 어린 선비들의 글 읽는 모습이 그려졌다. 지금도 상월정이 있는 월봉산은 마을의 선생님 산이다. 월봉(月峰)은 원래 급한 경사의 봉우리를 말하는데 창평 사람들은 학문에 큰 뜻을 둔 청년들이 머물렀던 상월정이 있는 월봉산이기에 '붓을 닮은 산'이라고 부른다.

참고자료
〈湖南學會와 春岡 高鼎柱에 대하여 : 신교육 운동을 중심으로〉, 임소정 학위논문(석사) 조선대학교, 2004년

주소 전남 담양군 창평면 용운길 142-1
시간 제한 없음(연중무휴)
입장료 없음
홈페이지 http://tour.damyang.go.kr
대중교통 1. 담양버스터미널에서 322, 322-1번 버스를 타고 석곡파출소에서 하차(약 40분 소요) 후, 8-1번 버스로 환승하여 용수리에서 하차(약 35분 소요). 이후 약 1.08km를 도보 로 이동(약 16분 소요). 총 약 1시간 30분 소요. / 2. 담양버스터미널에서 3-1번 버스를 타고 창평초교 하차(약 1시간 소요) 후, 8-1번 버스로 환승하여 용수리에서 하차(약 10분 소요). 이후 약 1.08km를 도보로 이동(약 16분 소요). 총 약 1시간 30분 소요

모현관(慕賢館)

당신은 지금 일기를 쓰고 있나요?

이순신의 《난중일기》는 우리나라 사람이라면 누구나 다 알고 있지만 《미암일기(眉巖日記)》를 아는 사람은 얼마나 될까? 《미암일기(眉巖日記)》는 조선중기의 학자이자 문신이었던 유희춘(柳希春, 1513~1577)이 1567년(선조 즉위년) 10월 1일부터 그가 죽기 전날인 1577년 5월 13일까지 11년간 친필로 쓴 일기이다. 개인의 일기를 넘어서 그 가치가 역사적인 자료로 칭송받는 것은 임진왜란으로 모든 기록이 불타 없어져 《선조실록》 편찬이 매우 어려운 형편이었을 때 《미암일기》는 《승정원 일기》를 대신할 만큼 소중한 자료였기 때문이다.

자신을 숨김없이 담아 내는 그릇, 일기

《미암일기》를 직접 보고 싶어 원본이 보관되어 있다는 담양의 모현관(慕賢館)으로 향했다. 일기는 매일 자신의 경험을 사고의 추이에 따라 자유롭게 기록하는 글이다. 그렇지만 초등학교 시절 일기를 제출하면 선생님의 검사가 기다리고 있기 때문에 아무리 어리숙한 학생일지라도 솔직하게 자신의 속마음을 제대로 쓰지 못한다. 사춘기로 접어들면서 부모님이 자녀가 궁금해 숨겨져 있는 것을 뒤져서라도 보게 되는 것이 일기라서 일기장에 열쇠가 달린 것을 선택하기도 했다. 일기는 자신의 하루하루를 차근차근 적어보면서 자신을 정리하고 미래에 대한 초석으로 삼을 수 있는 좋은 습관임에 틀림이 없다. 그래서 초등학교에서는 일기 쓰기를 습관으로 만들어주기 위해 강요하는 것이다. 일기의 가치에 대해 객관적으로 논해보자면 정통적인 문학작품이 아니기 때문에 폄하될 소지가 있지만, 역설적으로 그런 이유 때문에 가치를 가지게 될 수도 있다. 출판을 목적으로 한 글이 아니기 때문에 누군가를 의식하지 않고 솔직하고 자유로운 생각을 고스란히 담을 수 있는 것이 일기인 셈이다.

위대한 일기라고 하면 이순신(李舜臣)의 《난중일기》가 제일 먼저 떠오른다. 백전백승의 명장이었기에 태어날 때부터 용감한 장군이었다고 생각할 수 있지만 그의 일

기를 살펴보면 그는 체력이 약해 전장에서 늘 몸이 아파 괴로웠다고 적고 있다. 이
순신은 우리가 생각한 것보다 불완전하고 연약한 한 인간이었지만, 그의 일기를 보
면 매일 자기 반성을 통해 부족한 점들을 극복해 결국 민족의 영웅이 될 수 있었다.
바로 이런 이순신의 인간적인 모습은 그가 쓴 일기가 아니었으면 알 수 없었을 것
이다. 일기는 자신의 느낌을 숨김없이 담을 수 있는 그릇이기 때문이다.

시시각각 아름다운 노루골 마을

일기에 대해 이런저런 생각들을 하다보니 어느새 모현관이 있는 마을에 도착했다.
마을의 이미지가 포근하고 아담해 처음 온 곳이었지만 친근한 느낌이 들어 마음이
환해졌다. 모현관이 자리한 이곳 전라남도 담양군 대덕리 장산리 장동(獐洞)은 16

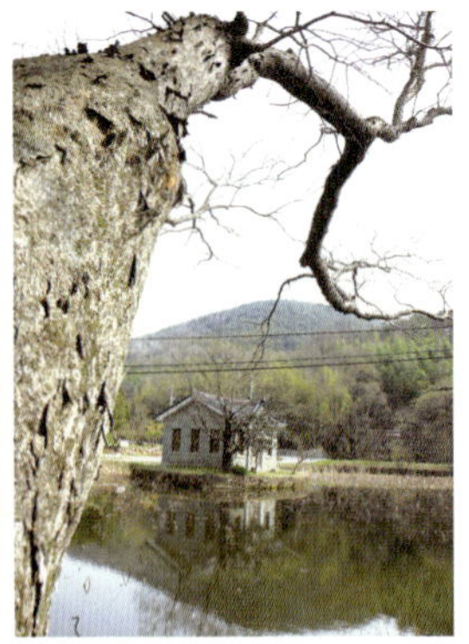

세기 지명으로는 태곡(太谷)이고 지금은 노랑골(노루골 마을)로 불리고 있는 마을이다. 뒤로는 노루 형상을 한 노루봉이 점잖게 버티고 앉아 삼면에서 마을을 포근히 감싸고 있었다.

마을 역사는 고려 말에 정승을 지낸 채문부가 심었다는 느티나무와 그의 묘가 있는 것으로 보아 고려시대부터 형성된 유서 깊은 마을이었다. 신기하게도 일기를 보관하고 있다는 모현관은 마을 한가운데 있는 연못 안에 있었다. 중요한 자료를 보관하기 위해 문중에서 연못 안에 모현관을 지었지만 지금은 맞은편에 새로 지은 미암박물관으로 옮겨 소장하고 있다. 일기에 관심이 있든 없든 상관없이 한여름에 모현관으로 여행을 간다면 연못에 가득 피어 오른 수많은 연꽃과 초록색 연잎이 펼쳐놓은 멋진 풍경에 반하게 된다.

또한 사람의 발길이 없는 이른 새벽에는 원앙새들이 놀고 가는 아름다운 연못이다. 노루가 많이 살아 노루봉이라 불리는 마을 뒷산으로부터 흘러 내려오는 맑은 물을 받아 만들어진 모현관 연못은 한국 전통의 천원지방(天圓地方) 하늘은 둥글고 땅은 네모나다 원리에 따라 만들어 네모 모양으로 되어 있다. 연못 주변에는 이곳의 오랜 역사를 말해주는 듯 수백 년 된 커다란 나무들이 빙 둘러 서있다. 그중에서 가장 오래된 당산나무 뒤쪽으로 올라가면 언덕에서 연못을 내려다보고 있는 연계정(蓮溪亭)이 있다. 그곳은 미암 유희춘 선생이 말년에 벼슬을 내려놓고 이곳으로 내려와 후학들을 가르치며 지냈던 정자이다. 연계정을 오르는 길에 가을이 찾아오면 정자 주

연계정

변에는 붉은색 꽃무릇이 가득해 정자와 꽃이 은은하게 어울려 한 폭의 수묵화를 감상하듯 아름다운 분위기를 자아낸다.

16세기 타임캡슐 《미암일기》가 보관된 미암 박물관

모현관 연못에서 자연스레 발길이 가는 연계정을 다녀왔다면 다음 일정으로는 미암 박물관으로 가보자. 이곳은 16세기 타임캡슐《미암일기(眉巖日記)》를 쓴 유희춘(柳希春)과 관련된 유물을 관리하는 박물관으로 타임머신을 타고 조선시대로 휘리릭 돌아갈 수 있는 곳이다. 2012년에 새로 지은 미암 박물관은 6,600여m²의 부지에 전시관, 교육 체험관, 관리사, 삼문등 목조 전통 한옥으로 건축되었다.

실내 전시관에는 국가 지정 문화재인 보물 260호《미암일기》를 비롯하여 지방 지정의 유형문화재 265호 모현관 고문서, 민속 자료 제36호 미암 사당 벽화 등 800여 점의 유물과 복제물들을 전시하고 있다. 맞배지붕과 팔작지붕의 한옥, 전통적인 석축과 담장 등은 노루골 마을의 자연과 잘 어울리는 친환경 박물관으로 설계되었으며 항온 항습과 냉난방은 태양광 발전을 통해 해결하고 있는 착한 박물관이다.

11년간의 일상을 자세히 적어놓은 《미암일기》는 지금도 조선시대의 사회경제사, 제도사, 생활사를 공부하는 학자들에게 소중한 자료로 읽히고 있다. 《미암일기》의 내용을 보면 조선시대는 남존여비의 시대로 가부장적인 양반 사회였다는 일반적인

고정관념을 깨게 된다. 그밖에 일기라는 특성상 인간 유희춘에 대한 개인적인 면모를 살펴볼 수 있다. 그는 학문의 수준이 높아 임금님을 가르치는 사람이었고 대사헌이라는 고위직을 역임했으며 호남 삼현(三賢)으로 추존된 대학자였지만 일상에 대한 고민을 보면 지금의 우리와 크게 다를 바 없이 갈등하는 모습을 볼 수 있어 매우 인간적인 친근감을 불러일으킨다.

우리나라는 유네스코 세계기록유산에 등재된 세계기록문화유산이 아시아 중 1위일 만큼 기록을 중요시해온 민족이다. 미암 박물관에 와서 5백여 년 전 조선시대에 살았던 유희춘의 친필 일기를 보면 우리 선조들이 기록을 매우 중요하게 생각했다는 것이 맞는 말이라고 저절로 고개를 끄덕이게 된다. 더불어 그의 섬세한 기록에 대해 존경과 감탄을 보내지 않을 수 없다. 《미암일기》를 살펴보는 동안 유희춘 선생은 나에게 "당신은 지금 일기를 쓰고 있나요? 당신의 경험이 의미 있는 기록으로 남을 거예요."라고 말하고 있는 듯 느껴졌다. 그는 여전히 오늘을 살아가는 우리들에게 가르침을 주는 큰 스승이다.

주소 전라남도 담양군 대덕면 장동길 89-4
홈페이지 http://tour.damyang.go.kr
대중교통 담양버스터미널 출발 4-1번, 4-2번 버스 탑승 후 장동에서 하차(약 40분 소요) 후, 미암박물관까지 도보로 약 650m 이동(약 10분 소요).

《미암일기》

《미암일기》는 조선중기의 학자이자 문신이었던 유희춘(柳希春)이 1567년(선조 즉위년) 10월 1일부터 1577년 5월 13일 그가 죽기 전일까지 친필로 쓴 일기이다. 《미암일기》는 우리나라에서 유례가 드문 사료(史料)로서 인정받고 있으며 11년에 걸쳐 조정의 공사로부터 개인의 일에 이르기까지 날마다 겪고 들은 바를 상세히 기록하였다. 선조 초년의 정부 내의 대소 사건은 물론, 중앙과 지방의 각 관아의 기능과 관리 층의 내면적 생활상 및 일반 사회의 경제 상태·풍속·습관·문화·물산 등을 알 수 있어, 당시의 정치·경제·문화 등을 이해하는 자료로 중요한 가치가 있다. 원래는 14책이었으나 현재는 실본으로 11책이 남아 있다. 그 일기의 일부는 필자의 문집인 《미암집》에 초록, 기재되어 있다. 이 책은 조선시대의 개인 일기로는 가장 방대한 것으로 역사 자료로서의 가치가 매우 커 보물 제260호로 지정되었으며 전라남도 담양군 대덕면 장산리 미암유물전시관에 소장되어 있다.

《승정원일기》를 대신한 《미암일기》

조선시대에는 신왕(新王)이 즉위하면 제일 먼저 착수하는 것이 선왕대(先王代)의 실록을 편찬하는 작업이 매우 중요한 일이었다. 먼저 문학에 밝은 관료를 중심으로 실록청(實錄廳)을 구성한 후, 관료들의 첫 임무는 각종 자료에서 뽑은 기사를 일자에 따라 정리한 초록으로 일록(日錄)을 만드는 것이다. 일록의 자료는 승정원에서 매일 국사를 기록한 《승정원일기(承政院日記)》가 중심을 이루고 여기에 중앙 각 부서에서 보내 온 등록(謄錄)과 지방 감사와 수령들이 보내 온 장계(狀啓)가 기록에 보충이 된다. 그런데 조선중기 40여 년을 제위에 있던 선조의 실록 편찬은 임진왜란으로 기본 자료인 승정원일기를 비롯한 중앙 관서와 지방 관서의 모든 기록이 불타 없어져 선조실록 편찬이 매우 어려운 형편이었다.

이때 미암의 제자이면서 미암의 추천으로 내의원으로 나갔던 허준이 미암의 일기 14권을 실록청(實錄廳)의 관료들에게 알리게 되어 《미암일기》가 《승정원일기》를 대신할 중요한 자료가 될 수 있었다. 미암(眉巖) 유희춘(柳希春)은 중요 관직에 오래 있었기 때문에 정계의 움직임을 자세하게 기록하였을 뿐 아니라 수령들에게 보고되는 지방의 동향도 풍부하여 선조실록 편찬이 가능하게 하는 데 큰 기여를 하였다. 《미암일기》 이외에 이이(李珥)의 《석담일기(石潭日記)》, 기대승(奇大升)의 《논사록(論思錄)》 등을 근거로 《선조실록》이 편찬될 수 있었다.

《미암일기》를 쓴 유희춘

유희춘(柳希春, 1513~1577)은 1513년 해남에서 태어났다. 본관은 선산(善山) 자는 인중(仁仲), 호는 미암(眉巖), 별호는 연계(漣溪)이다. 어릴 적부터 글 읽기를 좋아해서 영민함을 인정 받았고 26세에 과거에 급제한 뒤 홍문관 수찬, 무장 현감 등을 지냈다. 하지만 문정황후의 부당함을 논하다가 35세(1547년)에 을사사화에 연루되어 제주도로 유배되었다. 제주도는 고향 해남과 가깝다고 하여 다시 함경도 종성으로 이배되어 귀양살이를 한다.

미암은 19년 동안 유배 생활을 하면서도 쉬지 않고 학문에 몰두하여 읽지 않은 책이 없었고, 《속몽구(續蒙求)》와 《육서부록(六書附錄)》이라는 두 권의 책을 편찬했다. 그 결과 1567년 선조 즉위와 함께 학문이 해박하다는 이유로 사면되어 정5품 홍문관 교리에 제수되어 경연관으로 임금에게 글을 가르치기도 했다. 이후 그는 대사성, 대사간, 대사헌 부제학, 전라감사 등 고위직을 역임하고 말년인 1577년에 정2품 자헌대부로 승진되는 등 선조의 두터운 신임을 받았다. 사후에는 호남 삼현(三賢)으로 유림의 추존을 받은 대학자로 담양 의암서원에 사액되어 배향되었다.

유희춘은 경사(經史)와 성리학에 조예가 깊어 많은 저술을 남겼으나 임진왜란을 거치면서 없어지고 사료 가치가 높은 그가 친필로 쓴 일기 미암일기초(眉巖日記草)만이 남아 현재까지 전해온다. 한편 그의 부인 송덕봉은 1521년 담양에서 태어났는데 홍주 송씨로 호가 덕봉(德峯)이었다. 미암의 평생 행적을 기록한 글(謚狀)에 따르면 그녀는 천성이 명민하고 경서와 사서를 두루 섭렵하여 여성 선비(女士)로서의 풍모가 있었다고 한다. 실제로 그녀는 여느 16세기 여성 지식인처럼 평생 동안 한시를 써서 《덕봉집(德峯集)》이라는 시집을 남겼다. 그래서 최근에는 신사임당의 뒤를 잇는 인물로 새롭게 주목받고 있다.

참고자료 :
《국어국문학자료사전》, 이응백 외, 1998, 한국사전연구사
《홀로 벼슬하며 그대를 생각하노라》, 정창권, 2003, 사계절
《한국의 고전을 읽는다 1》, 서대석 외, 2006, 휴머니스트

창평
슬로시티

창평슬로시티 / 창평슬로푸드와 달팽이학당 / 담양한과 / 기순도전통장
창평쌀엿 / 약초밥상 / 고택 체험 / 하심당 / 창평미륵불과 항일정신
자전거 타고 슬로시티 여행하기

담양군 창평면은 2007년 12월 1일 아시아 최초 슬로시티로 지정되었다. 슬로시티의 중요한 조건은 그 지역 고유의 전통과 자연생태가 보존되어 있는가, 대대로 이어오는 먹거리가 있는가, 지역 주민의 공통체가 가능한가이다. 창평은 마치 슬로시티가 되기 위해 오래전부터 준비해왔던 것처럼 슬로시티의 모든 조건을 이미 완벽하게 갖추고 있는 곳이다.

창평에 마을을 이루고 사람들이 모여 살았다는 자료를 문헌에서 찾아보면 백제시대로 거슬러 올라간다. 삼국시대 때의 명칭은 굴지현이었는데 이후 통일신라 경덕왕 6년(757년)에 기양현으로 고쳐서 무주에 속하였다는 기록이 있고, 고려 태조 23년에 창평으로 개칭하여 나주목에 속하였다는 자료가 전해온다. 이렇듯 유서 깊은 창평 중에서도 월봉천, 운암천, 유천의 세 갈래 물이 모인다 하여 붙여진 삼지천(三支川) 마을은 보존 상태가 좋아 슬로시티로 지정되는 데 주역이 되었다.

창평슬로시티
← 담양읍
창평중학교
창평초등학교
달팽이가게
창평면사무소
삼지내마을
창평우체국
약초밥상
창평국밥거리
고재환가옥
고재선가옥
창평고등학교
창평농협
고정주고택
매화나무
민박
한옥에서
담양한과
창평미륵불
남극루
일주문
방문자센터
60
달뫼미술관
상월정 →
고재구 전통쌀엿
소나무언덕
0 100m
기순도전통장
광주호
포의사

창평슬로시티

타임머신 타고 시간여행

삼지천 마을은 1510년경에 형성된 마을로 동편에는 월봉산, 남쪽에는 국수봉이 솟아 있고, 마을 앞을 흐르는 천의 모습이 봉황이 날개를 뻗어 감싸안고 있는 형국이라 하여 삼지천 혹은 삼지내라 불렀다. 이 마을은 들판 한가운데 있어, 예로부터 농산물이 풍부한 지역으로 근현대 교육과 인물의 선구를 이루었던 장흥 고씨들을 비롯한 창평 유지들의 요람이었다.

삼지천 마을의 가장 큰 매력은 고가(古家)를 둘러싸고 있는 3,600m에 이르는 고즈넉한 담장이다. 흙과 돌을 사용한 토석담으로 비교적 모나지 않은 화강석 계통의 둥근 돌을 사용하였고 돌과 흙을 번갈아 쌓아 줄눈이 생긴 담장과 막쌓기 형식

180

의 담장이 혼재되어 있다. 대체로 담하부에는 큰 돌이, 상부로 갈수록 작은 돌과 중간 크기의 돌이 사용되었다. S자형으로 자연스레 굽어진 마을 안길을 따라 형성된 담장은 보기만 해도 마음이 스르르 풀리는 편안한 분위기를 연출하고 있으며 조선시대(1660년)에 만들어진 고가들과 어울려 마치 그 옛날 조선시대로 돌아간 듯하다. 삼지천 마을 옛 담장은 2006년 등록문화재 265호로 지정되었다.

이탈리아 작은 도시에서 불어온 슬로시티 운동

1986년 미국의 패스트푸드 프랜차이즈 브랜드인 맥도널드가 이탈리아 로마에 들어서자 요리 칼럼리스트 카를로스 페트리니가 패스트푸드에 반하는 개념으로 슬로푸드를 제안한 것이 계기가 되어 시작되었다. 이후 1999년 이탈리아 작은 도시

한옥에서
전통차 · 민박
(061 · 382 · 3832)

그레베 인 키안티(Greve in chianti)의 시장 파올로 사투르니니(Paolo Saturnini)
가 자신이 태어나 살고 있는 마을을 '느리게 살기'를 실천하는 '슬로시티'(Slow
City)로 처음 만들었다. 자판기, 냉동식품, 패스트푸드점, 백화점, 할인마트가 발붙
이지 못하게 됐고, 주민들은 토속음식들을 먹고 버스 대신 자전거를 탔다.

1만 4000여 주민들의 삶을 바꿔놓았던 이 운동은 전 유럽으로 전파됐고 전 세계
90여 개 도시가 슬로시티 국제연맹에 가입했다. 주민들의 반발도 많았지만 '전통
과 자연을 최대한 보존하면서 개발을 꾀하면 우리 마을이 진정한 발전을 하게 된
다'고 끊임없이 설득했고 해가 거듭되면서 주민들은 그 '진정한 발전'을 체감하게
되었다.

마을 한복판 광장에는 이 마을에서 나는 흙으로 주민들이 직접 구운 벽돌을 깔았
다. 호텔이 필요하면 새 건물을 짓는 대신 오래된 마을의 성(城)을 개조해서 꾸몄

다. 마을이 훨씬 운치 있어졌고, '슬로시티' 운동이 알려지면서 관광객도 늘어나 주민들의 삶이 넉넉해졌다. 마을에는 실업자가 한 사람도 없다고 한다. 또한 무엇보다 큰 발전은 관광 수입 증가와 함께 삶의 질이 향상되었다는 점이다. 가령 식료품의 경우, 대형마트에서 대량으로 사는 것이 아니라 필요할 때마다 동네 가게에서 사다 먹게 되어 항상 신선한 식재료들을 섭취해 주민들이 눈에 띄게 건강해졌다고 한다.

이탈리아 작은 도시에서 불어온 '슬로시티 운동'이 전해져 아시아에서 최초로 슬로시티로 지정된 담양의 창평슬로시티에서 '느리게 살기'를 체험해보자.

주소 전라남도 담양군 창평면 돌담길 56-24
홈페이지 http://www.slowcp.com
대중교통 1. 담양버스터미널에서 3-1, 4-1번 버스를 타고 창평면소재지에서 하차(약 1시간 소요). / 2. 광주 버스 터미널에서 311번 버스를 타고 문흥지구입구에서 하차(약 30분 소요) 후, 3-1번 버스로 환승해 창평초교에서 하차(약 35분 소요).

돌탑을 사랑하는 집
보성댁
門綠千晶

달팽이가게

창평 면사무소 앞에 있던 보건소 건물을 리모델링하여 다시 태어났다. 명인과 달팽이학당의 슬로푸드와 슬로아트를 한 공간에서 전시·판매하는 곳이다.

달팽이시장

매월 둘째, 넷째 주 토요일 면사무소 앞마당에서 열리는 시장이다. 맛깔스러운 음식을 착한 가격에 구입해 먹을 수 있으며 다양한 전통놀이와 체험행사도 즐길 수 있는 달팽이시장은 가족 나들이로 안성맞춤이다. 담양 창평슬로시티에 오는 방문자가 제일 먼저 할 일은 방문자센터에 들러 손님으로 등록을 하는 것이다. 슬로시티 이야기꾼으로부터 마을에 대한 안내와 해설 등을 들을 수 있고 관심에 따라 코스와 동선, 체험프로그램 계획을 도와준다. 그밖에 신분증을 맡기면 떠날 때까지 자전거를 대여할 수 있으며 마을 목욕탕, 슬로푸드, 마을부엌, 무인카페, 에너지 대장간 등 편의시설을 이용할 수 있다.

슬로시티 명인들의 명품은 '달팽이가게'에서 전시 · 판매를 하고 있다. 창평에 왔다면 명인들의 손길을 꼭 느껴보고 가야 후회가 없다.

구분	분야		이름	프로그램	연락처
대한민국 식품명인	쌀엿		유영군	창평한과 호정가 대표	061-383-6446
	한과		박순애	담양한과 대표	061-383-8283
	전통장		기순도	기순도전통장 대표	061-383-6209
	한과		안복자	안복자한과 대표	061-382-8891
농림부 신지식농업인	한과		조진순	조진순가마솥 대표	011-612-6901
마을 명인	슬로 푸드	약과	고수경	김복녀약과 대표	010-6630-4897
			김중숙	산자	010-3622-8993
		쌀엿	고태석	창평 특산품 쌀엿	010-2602-8115
			강순임	오색오미의 오방엿	010-3623-8371
		전통주 & 효소	천미화	수제막걸리 담기 및 술문화 체험	010-3648-4656
			임은실	야생화효소 만들기, 야생화 화분 가꾸기	011-9600-7400
			이혜경	심마니가 담근 산야초효소 & 약술	010-2626-0430
		차	이숙재	전통차	010-7478-8171
			전유례	전통차	010-3701-3832
			송영종	전통차	010-3605-9118
			김종덕	다도체험	010-3607-4581
		한식	정정순	족편, 장	010-7502-8529
			양해숙	칡묵, 칡즙	010-3605-9333
			최금옥	약초밥상	010-2716-6312
			김상순	혼인 폐백 음식	010-5547-3430
			문현정	간장 장아찌	010-7130-3002
		친환경 딸기	김성계	친환경 농법으로 재배한 딸기, 딸기즙, 딸기쨈	011-637-8017
	슬로 아트		이영희	컵주머니, 컵받침 등 생활바느질	010-8607-5934
			김말례	천연염색	010-3608-3544

창평슬로시티는 마음을 내려놓고 몸도 마음도 집에 안겨 깊이 쉬어가는 하룻밤을 선물한다. 툇마루를 오르내리며 살았던 옛 기억을 더듬어보는 한옥 고택에서의 하룻밤이며, 시간을 성실하게 살아낸 주인장들의 생활문화가 재미있다. 집의 안과 밖을 종이문 한 장에 두고 자연을 집 안으로 들여 살았던 공존의 미학이 살아 있다.

민가에서 하룻밤 묵을 때 주의사항

1. 민가에서 하룻밤을 보내기 위해서 자기 이부자리는 스스로 깔고 갠다.
   요와 이불, 베개의 커버를 직접 씌워서 사용한다.
2. 실내에서는 흡연이나 냄새 나는 음식의 조리가 제한된다.

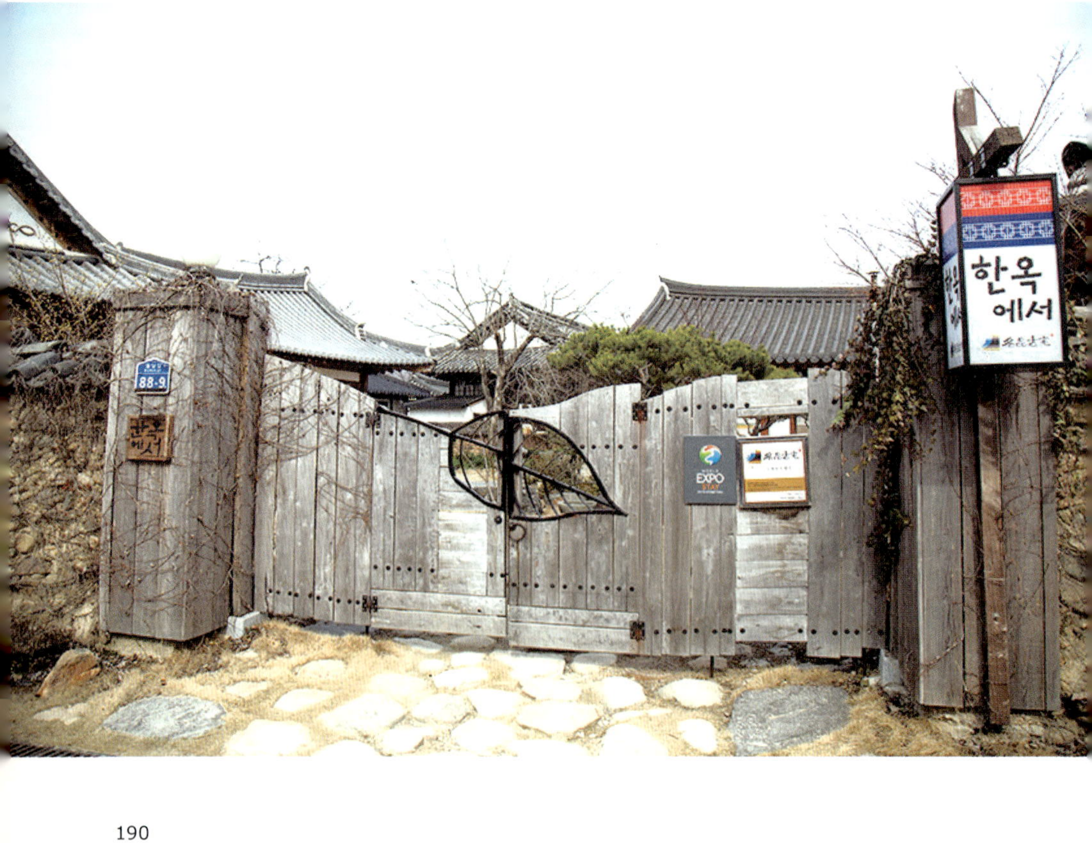

창평 고씨 가문은 '의로운 조선의 명문가'로 덕망이 높다. 이곳에서는 나라의 위기를 극복하려 가문의 조상들이 고민하고 행동했던 드라마 같은 역사 이야기를 들을 수 있다. 가슴으로 구국한 열사의 충정을 돌아보고, 책에서도 읽을 수 없었던 생생한 역사를 들을 수 있다. 주인장인 현봉 고영준 선생님께 역사 이야기를 듣고 싶다면, 민박을 미리 예약하여 선생님과 약속을 정하는 것이 좋다. 이숙재 종부가 운영하는 '종부의 다실'은 죽로차와 종부의 삶 이야기가 향기롭다.

주소	전라남도 담양군 창평면 경동길 12–1
주인장	고영준, 이숙재 (010–7478–8171, 061–382–8171)
민가 특징	2~3인방 2칸, 5~6인방 1칸 / 고영준 선생님의 '역사 이야기'는 별도 사전 협의

손맛 좋은 주인장의 마당에는 계절마다 아름다운 꽃들이 피고 진다. 노부부가 뱃속에서부터 배웠다는 쌀엿 만드는 이야기와 엿 고는 가마터가 마음도 고아낼 듯하다. 당뇨 환자에게도 좋다는 쌀엿처럼 달디 단 꿈을 선물한다. 수줍음 많은 강아지 청룡이가 반긴다.

주소	전라남도 담양군 창평면 돌담길 88–30
주인장	고태석, 이옥순 (010–9945–8115, 010–2602–8115)
민가 특징	2인방 2칸, 4인방 1칸

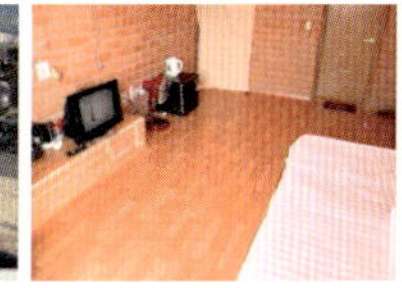

치맛자락처럼 오르는 처마의 선과 돌담이 아름답다. 달빛 좋은 밤이면 마음의 고향에 든 것 같은 안정감이 든다. 담쟁이를 기르는 돌담의 후덕함이 주인장의 넉넉한 마음씨를 닮았다. 어머니가 그리울 만큼 사는 일이 노곤할 때, 조용히 깃들어 하룻밤 쉬며 마음을 살찌울 만하다.

주소	전라남도 담양군 창평면 돌담길 8
주인장	김순기(010–9086–1039)
민가 특징	2인~4인 방 3칸

미래의 전통을 탐구하는 마음에 손맛까지 좋은 젊은 며느리가 대를 물려받아 사는 집이다. 아침이면 구수한 누룽지와 장아찌 밥상이 차려진다. 발효 방식에 따라 각기 다른 양지와 음지의 장독대, 처마 끝에 매달려 햇볕을 먹는 먹거리들의 풍경이 보기만 해도 배부르다.

주소	전라남도 담양군 창평면 돌담길 88-4
주인장	신언종, 문현정 010-7130-3002, 010-8602-3000
민가 특징	2인방 2칸, 2~4인방 2칸, 아침 식사 제공

한옥 툇마루에 앉아 마주하는 월봉산과 만덕산의 자태에 취해 시 한수가 절로 읊어지는 곳이다. 주인장이 함께 살지 않고 거실이 크니, 집 한 채를 얻어 쓰기가 좋아 인원이 많은 사람들에게 적합하다.

주소	전라남도 담양군 창평면 돌담길 72
주인장	송희용(010-3628-0157)
민가 특징	2~3인방 2칸, 4~5인방 1칸, 거실

따뜻하고 조용하게 몸으로 친절과 배려를 보여주는 주인 부부에게서 사람 사는 온기가 느껴진다. 제봉 고경명의 후손 고광신 선생께서 사셨던 고택은 한옥의 실용적 구성과 기풍을 자랑한다. 정갈한 고택과 단아한 마당, 향기 좋은 차와 고요한 하룻밤을 선물하는 호텔식 한옥이 일품이다. 구들방에서는 허리를 쭉 펴고 깊은 밤을 청할 수 있다.

주소	전라남도 담양군 창평면 돌담길 88-9
주인장	김영봉, 전유례 (010-3606-1283, 010-3701-2832)
민가 특징	2~3인방 4칸, 4인방 2칸, 4~5인방 4칸, 다실 있음

돌담길을 천천히 걷다보면 미소가 지어지는 집 한 채가 있다. 마을에서 정원이 가장 예쁜 집이며, 할머니의 후한 인심과 정을 느낄 수 있는 민박으로 예쁘게 꾸며진 정원의 잔디밭에서 바라보는 밤하늘이 일품이다.

주소	전남 담양군 창평면 돌담길 15-30
주인장	061-382-8888 / 010-2201-0777

참좋은 황토펜션

황토 흙냄새를 맡을 수 있고 인심이 후한 시골의 멋과 맛을 느낄 수 있는 민박으로 전통적인 황토 흙과 현대적인 펜션의 조화로 건강과 힐링을 느낄 수 있다.

주소	전라남도 담양군 창평면 유천길 53
주인장	정찬섭, 정영수(010-4624-8989)
민가 특징	4~5인실 6칸

하심당

조용하고 아름다운 산 아래 100년 넘게 식구들을 내고 기른 한옥이 깔끔하고 정겹다. 집이 사람에게 주는 기운과 잘 정리된 산책로가 만들어진 깊은 대나무숲의 정기, 텃밭에서 건강하게 기른 소박한 밥상과 차 한 잔으로 마음이 한층 깊어진다.

주소	전라남도 담양군 창평면 화양길 79-14
주인장	송영종(010-3605-9118)
민가 특징	1인방 3칸, 2인방 3칸, 별도 주문 시 식사, 차 제공

창평슬로푸드와 달팽이학당

우리나라에는 예부터 내려오는 말에 '밥이 보약'이라는 말이 있다. 일상에서 많이 들었던 말이기에 그 의미를 깊이 생각해보지 않았었는데 인간의 삶을 질적인 면에서 향상시키려는 슬로푸드 운동이 일고 있는 시점에 서보니 선조들의 지혜에 놀라게 된다.

밥이 보약이라는 말은 음식이 곧 약이라는 의식의 표현이었다. 음식이야말로 몸에 가장 좋은 보약이라 정성을 다해 만들고 먹었던 것이다. 우리나라는 예로부터 자연의 시간에 맡겨두는 발효음식을 만들어 먹었고 음식을 만들면서 서두르거나 자

겁나 많은 석류나무집

연의 순리를 거스르지 않았다. 음식을 만드는 데 속도가 문제되지 않았던 문화를 가지고 있었다. 식사는 절제된 방식으로 이루어졌고 음식에 대한 낭비도 거의 없었다. 이러한 음식에 대한 바람직한 전통, 시간을 빚고 주무르는 슬로푸드가 창평에는 넘쳐난다.

세상이 경쟁 사회로 바뀌면서 사람들이 점점 맹수로 바뀌고 있었지만 창평 사람들은 오랜 기다림과 인내의 음식들을 우직하게 지켜왔다. 10대를 이어온 기순도의 전통 장류(발효 음식)를 비롯하여, 이에 달라붙지 않으면서도 쫀득쫀득한 쌀엿, 시간을 녹여 귀한 사람을 위해 명인이 만든 창평한과, 먹으면 약이 되는 약초밥상의 장아찌들, 마음은 취하고 몸은 깨어나는 석탄주 등 창평의 슬로푸드는 자연과 호흡하는 듯 몸과 마음이 차분하게 만드는 음식이다.

느리게 사는 것이야말로 달콤한 인생

농경사회에서는 음식에도 기다려야 하는 자연의 순리가 반영되었다. 그런데 산업 사회로 넘어오면서 효율성을 앞세운 속도전으로 음식까지 대량 생산되어 계절에 상관없이 먹을거리가 생산되고 인공 사료가 제공되며 유전자 조작까지 이르렀다. 현대인들은 음식 때문에 수많은 질병에 노출되어 있는데도 음식의 기준을 싼 가격이나 시간의 편리성에만 두고 있다. 슬로푸드 선언문에서는 현대 문명이 중시하는

빠른 속도, 빠른 생활의 부작용이나 문제점에 주목한다.

특히 빠른 생활을 재촉하는 사회는 우리의 존재 방식을 변화시키고, 환경을 위협하기 때문에 이에 대한 대안을 추구해야 하며, 그 대안을 슬로푸드에서 찾고 있다. 속도만을 강조하는 자본주의에 반대하는 운동인 것이다. 전통적인 것들의 가치를 다시 깨닫자는 슬로시티 창시자 파올로 사투르니니(Paolo Saturnini)는 '슬로(slow)'라는 개념은 단순히 '패스트(fast)'의 반대 개념이 아니고 환경, 자연, 시간, 계절을 존중하고 우리 자신을 존중하며 느긋하게 사는 것! 이것이 더 나은 삶을 향한 진정한 '슬로'라고 말하고 있다.

'빨리빨리'는 인간 파괴 바이러스이며 느리게 사는 것이야말로 달콤한 인생이라고 우리의 삶의 자세를 돌아보라고 충고한다. 따라서 슬로푸드를 먹자는 권유는 슬로라이프, 즉 '여유 있는 삶'으로 가자는 것이다. 패스트푸드보다는 좀 시간이 걸리더라도 직접 요리해서 먹는 것, 자동차보다는 자전거를 이용하거나 되도록 걸어 다니는 것 등이다.

우리에게 한 끼 식사는 무엇인가?

최근 사람들에게 큰 인기를 끌고 있는 TV 프로그램 중에 자급자족 라이프인 〈삼시세끼〉가 있다. 출연자들이 하루 세끼를 직접 만들어 먹는 과정을 보여주는 내용이 전부이다. 집 주변에서 식재료를 구해와 직접 음식을 만들어 먹는 매우 단순한 구성인데 시청률이 높은 이유는 무엇일까?

〈삼시세끼〉의 나영석 PD는 그 누구보다도 슬로푸드의 필요성에 대해 잘 알고 있는 것 같다. 오늘날 대부분의 사람들이 먹는 음식은 그 기준을 빠르고 쉬운 것에 두고 있다. 따라서 무의식적으로 손에 닿는 대로 글로벌푸드, 패스트푸드, 인스턴트식품을 구입하여 섭취한다. 언제 어디서든 완성된 음식을 값싸고 편리하게 접근할 수 있는 여건에서 살고 있기 때문이다. 그러나 〈삼시세끼〉에서는 음식의 의미를 자연의 시간이 지배했던 시대로 되돌려 '우리에게 한 끼 식사는 무엇인가?'를 다시 생각하게 해준다.

음식을 만들어 함께 먹는다는 것은 개인 혹은 가족 간의 관계에 긍정적 관계를 만들어준다는 점도 일깨워주었다. 한 끼 식사를 만들어 먹을 때 들이는 정성이 육체적인 건강은 물론 정신적으로도 좋다는 것을 〈삼시세끼〉를 통해 시사해주고 있다. 카를로 페르티니가 말하고 있는 것처럼 음식은 영화처럼 감상되는 것도, 청바지처럼 입어 경험하는 것도, 음악처럼 연주되는 것도 아닌, 사람들의 몸에 흡수되어 그 일부가 되는 것이기 때문이다. 음식은 살아가는 데 필수적인 요소이며 건강에 직접적으로 작용하기 때문에 인간이라면 누구나 정성이 듬뿍 담긴 좋은 음식을 먹을 권리가 있다. 앞을 향해 정신없이 내달렸던 도시 생활로부터 훌쩍 떠나 즐기는 소소한 행복은 어떤 것일까? 나도 저 풍경 속에 들어가고 싶다는 마음이 들게 하는 창평슬로시티에서의 여행은 슬로푸드가 우리 삶에 어떤 의미인지를 가르쳐주는 소중한 시간이 될 것이다.

주민들의 생활문화 교실, 달팽이학당

창평에는 마을에서 뽑은 명인들이 있다. 그들의 삶이 온전히 드러나는 명인들의 솜씨는 오랜 시간 익혀온 지혜의 결정이다. 창평의 명인들은 이것을 창평을 방문하는 여행자들과 함께 나누고자 달팽이학당을 열었다.

꿀초 만들기, 생활바느질, 야생화효소 체험, 한약제 만들기, 수제막걸리, 한과, 쌀엿 만들기 등등 여러 체험을 할 수 있다. 참가를 원한다면 마을 홈페이지나 방문자센터에서 예약할 수 있다.

종부의 다실(주민 교사 : 이숙재)

차를 우리고 마시는 것은 마음을 우려내어 삶을 수용하는 것과 관련이 있다. 종부로 살아온 한평생에 어려움보다는 배움이 많았다는 종부의 가족에 대한 사랑과 겸손함에 대한 철학을 다도를 통해 배워볼 수 있다. 소박한 종갓집 며느리의 솔직하고 담백한 이야기 안에 조상에 대한 믿음과 삶의 자세가 들어 있다. 직접 차를 만드는 종부의 바지런함이 함께 녹아 있어 차맛도 일품이다.

주소	전라남도 담양군 창평면 경동길 12-1 / 010-7478-8171, 061-382-8171
시간	1시간(사전 예약하여 시간 약속)
수용 인원	반드시 5인 이상~15인 이내
참가비	10,000원

* 주말 다실 운영(토, 일 오전 10시~17시)

김효순 가야금교실(주민 교사 : 김효순)

평생을 보건소에서 근무하고 정년퇴직한 공무원이 취미로 배우기 시작한 가야금과 판소리로 인생 제2막을 열었다. 그냥 취미라고 하기에는 수준이 높아 전라남도 일대에서 공연을 하기도 하고 상도 받았다. 한국을 대표하는 전통 악기지만 살면서 한 번도 직접 만져볼 기회조차 흔치 않은 가야금을 직접 배워보고 덤으로 우리 민요 한 자락도 전수받을 수 있다. 시골집 넓은 마당, 너른 평상에 '둥뚜둥 둥뚱' 하며 가야금을 퉁기는 모습, 상상만 해도 즐겁다.

주소	전라남도 담양군 창평면 용운길 63-11 / 010-2686-8520

시간	1시간(연중, 주중과 주말 모두 가능. 단 사전 예약제)
수업명	가야금 배우기 우리 민요 배우기
수용 인원	2~5명
참가비	10,000원(1인)

천연염색, 가죽공예(주민 교사 : 김말례)

자연물을 이용하여 자연의 색을 만들어내는 작업이다. 우리가 흔히 알고 있는 봉숭아꽃잎을 손톱에 물들이는 것도 천연염색이다. 자연 재료에서 염료를 추출하여 소품을 아름답고 예쁘게 만드는 방법을 배워볼 수 있다.

주소	전라남도 담양군 창평면 시동길 36 / 010-3608-3544
시간	사전 예약 문의
수용 인원	15~30명
참가비	가죽공예 6,000~15,000원 천연염색 5,000~20,000원

소담다례문화원(주민 교사 : 김종덕)

'좋은 물이 있어야 좋은 차를 우린다'는 옛 가르침을 실천하고 있는 현장이다. 검소하고 우아한 모습으로 정성을 다하는 마음으로, 자칫 거칠어지기 쉬운 행동과 심성을 순화하고 윗사람을 공경하는 예절을 몸으로 느끼며 따뜻한 차맛을 보는 좋은 경험이 된다.

주소	전라남도 담양군 창평면 시동길 36 / 010-3607-4581
시간	사전 예약 문의
수용 인원	10~15명
참가비	다식 만들기, 다도 체험 각 10,000원 / 떡차 만들기 20,000원

계절마다 짧게 피고 지는 야생화의 뿌리에는 강한 약초가 있다. 사진을 찍던 교사가 꽃의 아름다움에서 그 뿌리의 기운으로 관심이 깊어져 창평에 터를 잡았고 그가 직접 자연에서 길러내는 야생화 꽃밭은 그 자체가 전시관이 되었다. 야생화 교사의 집요한 관찰력과 노력으로 길러지는 수천여 종의 야생화, 그 아름다움과 치유력을 몸으로 느낄 수 있다.

주소	전라남도 담양군 창평면 돌담길 9-19 / 011-9600-7400
시간	사전 예약 문의
수용 인원	5~20명
참가비	10,000원(효소 담아갈 공병 지참)

제철에 산에서 나는 풀들과 뿌리들은 그 계절이 지닌 치유력을 가진다고 한다. 봄이면 직접 산에 올라 약이 되는 음식들을 찾아 필요한 만큼만 채집하여 밥상을 차린다. '먹을 만큼만'이라는 경계는 삶의 균형을 잡아준다. 온 정성으로 약초를 다듬고 햇볕 가득, 바람 한 줌 넣어 가마솥에 불 때고 밥을 지어 함께 나눈다.

주소	전라남도 담양군 창평면 돌담길 102 / 010-2716-6312
시간	3시간(매일 오전 10시~1시/ 반드시 최소 하루 전 예약)
수용 인원	5~20명
참가비	10,000원

창평 들녘의 너른 풍성함처럼 마음 넉넉하게 길러낸 텃밭 채소들은 마을 어머니들이 전통 농업으로 자연과 함께 길러낸 생명들이다. 계절마다 나고 자라는 튼튼한 먹거리들로 힘이 솟는 밥상을 차려 먹는다. 불을 때고 가마솥을 달구어 마을 어머니들께 한 수 배워 차리는 시골 밥상에서 맛보다 세대 간의 만남과 감동 어린 배려를 배워볼 수 있다.

주소	전남 담양군 창평면 용운길 116-4 / 책임교사 김명희 010-8632-3222
시간	3시간(사전 예약)
수용 인원	20명 이상~50명 내외
참가비	10,000원

창평에서 가장 번화한 곳, 면사무소 인근 우체국 앞에 가면 연중 언제나 한지 공예를 배울 수 있는 금하당이 있다. 서각을 전공한 작가가 한지공예를 한 지 십 수년이다. 한지로 만든 초가지붕의 조명등이나 한지 뜨기를 이용한 컵받침, 액자, 조명등, 가구 등 일회성 체험으로도 좋고 시간을 두고 천천히 배우며 작품활동으로 들어서도 좋은 슬로아트 프로그램이다.

주소	전라남도 담양군 창평면 의병로 150 / 010-2611-1684
시간	연중, 주중과 주말 모두 가능, 단 사전 예약제
수업명	한지 조명등 만들기(2시간) / 한지 뜨기 조명등 만들기(3시간)
수용 인원	2~8명
참가비	15,000원(1인) / 25,000원(1인)

창평에서 태어나지는 않았지만 시어머니에게 전수 받은 창평쌀엿을 각종 천연재료를 배합하여 오방엿을 개발·발전시키고 있다. 강순임 슬로푸드 교실을 열어 창평을 찾아오는 방문객들에게 창평엿과 비법을 전수하는 데도 노력을 다하고 있다.

주소	전라남도 담양군 창평면 경동길 12-23 / 010-3623-8371
시간	쌀엿 제조 과정 견학 및 쌀엿 늘리기 체험 1시간(사전 예약제)
수용 인원	8~50명 / 1인당 창평쌀엿 500g
참가비	10,000원(1인)

아흔이 넘은 증조할머니 대에서부터 쌀엿을 만들었다고 한다. 지금은 중년이 된 손녀가 어머니와 함께 옛날 부뚜막 방식을 그대로 고수하며 창평쌀엿의 맥을 이어가고 있다. 엿기름이 조청이 되고 조청이 갱엿이 되어, 갱엿이 쌀엿으로 거듭나는 과정이 진정한 슬로푸드로 손색이 없다. 수백 년 전 조선시대 때에도 쌀엿을 해먹었다는 담양 창평에서 꼭 경험해봐야 할 이색 체험이다.

주소	전라남도 담양군 창평면 유천길 162 / 011-9620-8017
시간	1시간(11월~3월 동절기에만 가능. 주중과 주말 모두 가능. 단 사전 예약제)
수업명	쌀엿 제조 과정 견학 및 쌀엿 늘리기 체험
수용 인원	8~10명 / 1인당 수제 조청 또는 창평쌀엿 500g
참가비	10,000원(1인)

약수와 우리 쌀을 재료로 하고 시간으로 빚어내는 전통 막걸리는 향도 맛도 일품이다. 손에서 손으로 전수하는 '혼으로 담는다는 전통주'를 배워볼 수 있는 기회이다. 내가 빚은 술은 누군가를 위해 편지와 함께 남겨지고 누군가 나를 위해 빚은 술은 정겨운 편지와 함께 따뜻한 정으로 나에게 전해진다.

주소	전라남도 담양군 대덕면 창평현로 908 / 010-3648-4567
단순 체험	최소 하루 전 사전 예약에 한하여 협의. 1일 3시간 수업
전문교육	6인 이상 그룹 신청하여 주 1회 총 4주간 수업
참가비	체험 : 20,000원 / 전문 교육 : 전통주에 따라 20~30만 원

독일에서 태어나 한국을 공부한 남편과 독일을 공부한 아내가 창평에 정착해 수제 인생을 시작하였다. 자연의 힘을 써서 인간의 몸에 이롭고 자연과 화합하는 생활의 지혜가 녹아 있는 공방이다.

주소	전라남도 담양군 대덕면 용산로 265-91/ 010-6449-8938, 010-8607-5934
시간	1시간
수업명	꿀초(대나무초, 담금초), 생활바느질(컵받침, 컵주머니), 천연화장품(립글로스, 보디밤) 예약제 운영
참가비	3,000~10,000원

달팽이학당 한눈으로 보기

특징	학당명	프로그램	강사	연락처	위치
민박	매화나무집	장아찌 밥상, 100년 가옥	문현정	010-7130-3002	삼지내 한옥 민박
	한옥에서	우물과 수세식펌프, 군불 떼는 방	김영봉 전유례	010-3606-1283 010-3701-3832	
	돌담집	쌀엿 판매, 돌담이야기	김순기	010-9086-1039	
	달구지	창평쌀엿 체험	고택석 이옥순	010-9945-8115 010-2602-8115	
	흙과풍경	남극루 일출, 일몰 감상	송희용	010-3628-0157	
	월봉민박	미소집		010-9435-9121	
	사랑채민박	정원이 예쁜 집		010-2201-0777	
	소나무언덕	고씨 종부 다도예절 배우기 고씨 종손 마을역사 이야기	고영준 이숙재	010-7478-8171 061-382-8171	유천리
	하심당	100년 가옥, 녹차밭 산책 하심당 4가지 보물 이야기	송영종	010-3605-8118	장화리 (화양마을)
	참좋은 펜션	한우 체험, 슬로시티 해설	정찬섭, 정영수	010-4624-8989	유천리
밥상 교실	용운마을 텃밭밥상	마당 앞 텃밭에서 구한 재료로 밥상 차리기	용운마을 어머니	010-8622-3222	용운마을 회관
	약초밥상	자연 음식 밥상 차리기	최금옥	010-7216-6312 070-7786-6313	돌담길
체험 교실	빈도림 생활공방	꿀초 만들기 체험 생활바느질, 천연화장품	빈도림 이영희	010-6449-8938 010-8607-5934	대덕면 문학리
	수의바느질	수의바느질 체험	조순임	010-7384-8623	삼지내
	수제막걸리	막걸리 담기 및 술문화 체험	천미화	010-3648-4667	대덕면
	소담다례문화원	다도 체험 천연염색 체험	김종덕 김말례	010-3607-4581 010-3608-3544	창평리
	야생화, 화분	야생화 배워보기	임은실	011-9600-7400	돌담길
	전통차	전통차 & 다도	이숙재	010-7478-8171	유천리
	전통차	전통차 & 다도	전유례	010-3701-3832	삼지내
	오색오미의 오방엿	천연재료를 배합한 쌀엿 체험	강순임	010-3623-8371	유천리
	모녀삼대 쌀엿공방	쌀엿 제조과정 체험	최명례	011-9620-8017	유천리
	금하당 한지공방	한지 조명등 만들기	김미선	010-2611-1684	창평리

담양한과

전통이 담긴 한과의 부활

담양에서 만든 한과(韓菓) 맛을 놓치면 크게 후회한다는 말을 듣고 우리 나라 한과산업 업계 1위라는 담양한과를 찾아갔다. 한과는 우리 민족의 전통이 오 롯이 담겨 있는 과자이지만 한복처럼 결혼식이나 잔칫날에야 볼 수 있어 겨우 그 명맥을 잇는 것이 실상이다보니 큰 기대는 하지 않았다.

한과의 유래와 발전

한과(韓菓)는 우리나라에서는 삼국시대부터 내려오는 과자로 다른 말로 과줄이라 고도 불렸다. 그 이유는 과자를 뜻하는 글자 과(菓)는 과일 과(果) 자에 풀 초(艸) 변을 더한 것으로 짐작할 수 있다. 최초의 과자는 과일을 말리는 등 과일을 응용하 여 만들어졌거나 과일을 구할 수 없는 계절에 과일 대용으로 만들었기 때문이라고

전해온다. 나이가 지긋한 분들의 기억 속에 있는 한과는 어린 시절 명절이나 제사
가 있어야 맛을 볼 수 있었던 귀한 간식이었다. 좀 더 시간을 거슬러 우리나라에서
과자의 역사를 살펴보면 본격적으로 발전한 계기는 고려시대 불교의 영향임을 알
수 있다. 불교에서는 수행의 한 방법으로 차를 공양했는데 이때 차와 곁들여 먹는
다식 문화가 함께 발전하게 된 것이다.

고려사에 남아 있는 기록을 살펴보면 충렬왕(1296) 때 왕이 세자의 결혼식에 참
여하기 위해 원나라에 가면서 가져간 유밀과의 맛이 입에서 사르르 녹는 듯 맛이
좋았다고 한다. 그 후 중국인들이 '고려병(高麗餠)'이라는 이름으로 한국의 과자
를 불렀으며 이때부터 한과가 중국에서도 큰 인기를 누렸다고 한다. 고려시대에는

왕실이나 귀족들의 의례와 사원의 행사에 한과가 쓰였으나 조선시대로 넘어오면서 민가까지도 널리 유행하여 주로 설날 음식이나 제사, 혼인, 연회 등 중요한 행사에는 빠지지 않는 음식이 되었다. 그러나 1900년대 서양 과자가 쏟아져 들어오면서 한과는 지금의 아이들에게는 관심 밖으로 밀려나고 말았다.

마음까지 사로잡는 맛의 비법

담양한과에 도착해보니 멋진 한옥이 먼저 눈에 들어왔다. 이곳은 한옥에서 하룻밤 머물며 한국의 전통을 체험할 수 있는 곳이다. 한옥을 지나 담양한과 건물로 들어가면 1층에서 한과 체험프로그램을 운영하고 있다.

담양한과 박순애 대표는 충남 논산에서 1977년 담양의 문화유씨 6대 종손으로 시집을 오면서 11남매의 큰 며느리로 제사 음식을 배우게 되었고 그때부터 한과를 만들기 시작했다. 집에서 만든 한과를 먹어본 이웃들의 '참 맛있다'는 칭찬에 힘입어 1998년 담양한과를 설립하고 유과, 약과, 강정 등 다양한 종류의 전통한과 생산을 시작했다. 또한 산자 명인 최봉석, 약과 명인 김규흔에 이어 2008년 엿강정 명인으로 대한민국식품 명인 33호로 지정되면서 책임감과 자부심으로 더 열심히 한과를 만들게 되었다고 한다.

한과의 운명은 한복과 처지가 같다. 한복이 이 시대에 타박을 받는다고 아쉬워하

면서도 한복을 일상에서 입으려고 노력하는 사람들은 그 수가 적다. 우리 민족의 문화를 우리가 가다듬고 보듬어야 함을 생각은 하면서도 실천은 쉽지 않은 것이다. 그런데 담양한과를 맛보고 그 맛에 깜짝 놀랐다. 한과의 종류가 매우 많았는데 하나하나 모두 맛이 깔끔하고 훌륭했다. 주재료의 풍미와 고소하고 바삭한 식감에 반할 수밖에 없었다. 어떻게 이렇게 맛있는 한과를 만들 수 있는지 궁금하지 않을 수 없었다. 유과가 만들어지는 과정은 1~2주 정도 충분히 불린 찹쌀을 곱게 가루로 만들어 술과 콩물로 반죽한 뒤 쪄내고, 잘 부풀도록 치대고, 적당한 크기로 잘라 잘 말려 주고, 30도의 기름에서 한 번, 150도의 기름에서 한 번 더 튀겨낸 뒤 조청에 담갔다가 고물을 묻혀주면 완성되는데 이 모든 과정이 2주 이상 걸린다고 한다. 박순애 대표는 좋은 맛은 재료에 있다고 강조한다.

"한과는 대부분 곡물, 견과류, 과일로 만들어요. 그 재료들은 모두 이 지역에서 나는 100% 우리 농산물만 사용하죠. 색을 낼 때도 백련초, 치자, 녹차잎, 뽕잎, 검은쌀 등 자연 재료를 이용해요. 몸에 안 좋은 것은 하나도 안 들어가죠."

마음까지 사로잡는 맛의 비법은 조상이 대대로 전해준 노하우에 건강한 재료와 오랜 시간 그리고 정성을 가득 담아 만들었기 때문이었다. 한과의 맛에 반해 제작 과정에 관심을 가지면서 '역사는 현재와 과거의 끊임없는 대화이다.'라고 말한《역사란 무엇인가》의 저자 E.H 카의 말이 떠올랐다. 담양의 한과에는 역사가 살아 있었다. 어쩌면 이 담양한과의 맛은 역사의 맛이다. 어리석은 사람은 지나온 과거를 외면하고 무가치하다고 넘겨버리지만 지혜로운 사람은 역사를 밑줄 그어가며 읽고 살펴 미래를 활짝 열기 때문이다.

역사는 흘러가 버린 것이 아니라 역사를 통해 거듭나면서 우리 조상의 지혜를 양식 삼아 더 훌륭한 맛으로 승화시킨 것이 바로 담양한과였다. 그리고 담양한과는 업계 1위에 안주하지 않고 세계인의 입맛을 사로잡겠다는 꿈을 힘차게 펼치고 있다. 정직한 재료에 정성과 노력을 가득 담은 맛이라면 세계에서 인정받는 한과로 거듭나는 것도 그리 멀지 않았다. 세계인들이 담양한과를 맛보며 한국의 역사와 전통을 함께 맛보는 날을 나도 함께 그려본다.

담양한과

주소 : 전라남도 담양군 창평면 창편현로 714-22(삼천리 180-1)

전화 : 061-383-8283   홈페이지 : www.damyang.co.kr

한과 만들기 체험프로그램

박순애 명인의 전통 식품 제조 방식을 그대로 재현하여 직접 따라 만들어보는 체험식 프로그램이다. 다양한 프로그램이 있으니 시간이 된다면 참여해보자.

엿강정 만들기

예로부터 과자 중에 으뜸으로 쳤던 전통 과자이다. 곡류나 씨앗을 볶아서 조청으로 버무리고, 모양을 내서 잘라 낸 과자로, 입에 들어가면 바삭하게 부서지면서 고소하게 씹히는 맛이 일품이다.

소요 시간 : 60분 / 비용 : 10,000원 / 체험 가능일 : 상시(일요일 제외)

재료 : 강정용 쌀 튀밥. 조청. 순수한 자연의 맛 천연 가루(뽕잎. 백년초. 치자)

다식 만들기

볶은 곡물가루나 송화가루 등을 꿀이나 조청으로 반죽하여 다식판에 문양을 그대로 찍어 만든다. 다식은 차와 함께 곁들이면 입안에서 은은하게 퍼지는 맛과 향을 지녔다.

소요 시간 : 40분 / 비용 : 8,000원 / 체험 가능일 : 상시(일요일 제외, 예약 별도 문의)

재료 : 콩가루, 송화가루, 꿀 or 설탕 시럽(물엿 1컵 설탕 1/2컵 꿀 4큰술 물 2큰술 소금 약간)

유과 만들기

명절이나 잔칫상에 꼭 준비하는 음식, 한과의 꽃이라고 할 수 있다. 바삭하며 입에서 사르르 녹는 맛이 일품이다.

소요 시간 : 60분 / 비용 : 10,000원 / 체험 가능일 : 상시(일요일 제외, 예약 별도 문의)

재료 : 유과 반죽, 조청, 고물(찹쌀. 백련초)

기순도전통장

깊게 빠져드는 시간의 맛

우리나라의 종가 음식은 종가의 종부 손에서 다시 다음 세대의 종부로 이어졌다. 종부는 종가의 살림살이를 맡아 종가의 대소사와 의식주를 관장했다. 예로부터 '음식의 맛은 장맛'이라고 했듯이 우리나라의 음식은 집안의 장맛으로 좌우된다. 간장, 된장, 고추장, 청국장을 장이라고 하는데 종부는 정성으로 만든 장류를 대물림하면서 한결같은 종가 음식의 맛을 고집스럽게 지켰다.

종부는 하늘을 향한 섬김, 조상과 부모로부터 남편과 자식에 대한 섬김, 마을과 가문을 찾는 손님에 대한 섬김, 일하는 사람들에 대한 섬김을 실천하며 살아온 삶이

었다. 우리나라의 종가 중에서도 담양 창평고씨 양진제 종가의 음식은 특별히 맛이 깊기로 유명해 으뜸으로 손꼽힌다. 360년 된 씨간장과 죽염이 만나 만들어진 죽염장으로 음식을 만들어 깊게 빠져드는 '시간의 맛'이 스며 있기 때문이다. 죽염장은 고경명의 14세 후손 며느리이자 고경명의 고손자인 고세태의 10세 종부 기순도씨가 일궈 온 종가 음식이다.

창평 유천리에 위치해 있는 기순도전통장으로 찾아가면 끝도 없이 펼쳐진 장독들이 찾아온 이들을 반겨 준다. 소나무숲으로 둘러싸인 청정 지역에 펼쳐진 천 개가 넘는 장이 담긴 항아리는 기념사진 찍기에도 딱 좋다. 팔도를 돌아다니다보니 장항아리에도 각 지역의 문화가 담겨 있어 흥미롭다. 타 지역에 비해 풍요로운 생활을 해오던 전라도의 항아리는 다른 지역에 비해 넉넉함이 느껴진다. 배가 불뚝하

고 어깨가 좁아 전라도 항아리는 '달덩이 항아리'라 불린다. 기순도전통장에는 항아리마다 그득하게 장이 담겨 있어 더욱 배가 불러 보였다.

360년 이어온 종가집 며느리의 장맛

기순도 종부는 1949년생으로 곡성 행주 기씨 집안에서 1972년 양진제 종가의 며느리(남편 고갑석)가 되었다. 예로부터 곡성과 담양은 혼인이 많았다고 한다. 종부의 어머니도 장흥 고씨이니 기순도 종부는 외가 마을에 시집을 온 셈이다. 창평 삼지내와 유천리는 예로부터 반촌이라 음식문화가 화려해 시댁 어르신들 생일상 차리는 일조차 결코 만만한 일이 아니었다. 또한 일 년 내내 제사상 차리는 일을 하며 시어머니로부터 장류를 비롯한 종가 음식을 배웠다고 한다.

남편은 동국대 불교학과를 졸업한 후 승려가 되기를 원했는데 종손이 승려가 되는 것을 가족들이 만류해 포기했다고 한다. 가족에 대한 책임감이 강한 성격이라 결혼은 했지만 불교에 몹시 심취해 있던 종손은 속세에는 뜻이 없어 마음이 항상 산속에 있었다고 한다. 결혼한 지 얼마 되지 않아 부인에게 가족들이 살 만한 기반을 만들어주고 산에 들어가겠다고 자신의 결심을 말하고 종손은 죽염을 굽기 시작했다. 집 근처의 대나무에 부안에서 나는 천일염을 넣어 소나무 장작에 구웠더니 죽

염에서 단맛이 감돌았고 남편이 구운 죽염으로 종부는 장을 담갔다.

이렇게 해서 360년 10대를 이어온 종가의 씨간장이 죽염을 만나 감칠맛이 훨씬 더해진 전통장으로 재탄생하게 되었다. 짠맛을 줄이고 감칠맛은 더해진 장은 대소사에 찾아 온 사람들의 입맛을 사로잡았다. 장맛에 자신감을 얻게 된 종부가 전통장 사업을 시작하겠다고 했을 때 문중의 반대가 심했었다고 한다.

반대를 무릅쓰고 처음에는 종부가 식구들과 죽염장을 만들기 시작해서 2008년 기순도 종부는 전통 식품 명인 제35호(진장 분야)로 명인이 되었다. 이후 점점 발전을 거듭해 장류를 담그는 항아리도 정확한 수를 알 수 없을 정도로 1천여 개로 늘어났고, 지금은 직원이 20여 명에 이르는 기업으로 성장했다.

> 식품 명인 : 식품산업진흥법 제14조 제1항에 따라 우수한 우리 식품의 계승 · 발전을 위하여 식품 제조 · 가공 · 조리 등 분야를 정하여 동법 제5조에 따른 식품산업진흥심의회 심의를 거쳐 우수한 식품 기능인을 명인으로 지정하는 제도.

자연의 시간에게 손을 빌려야 비로소 깊은 맛이 나는 장맛

패스트푸드에 젖어 사는 현대인의 생활에 대한 경각심이 일어나기 시작하고 슬로푸드에 관심이 높아지는 때에 맞춰 모든 음식의 기본인 장은 관심의 중심이 되었다. 물론 중요한 장을 직접 담근다면야 더할 나위 없는 일이지만 현대인의 생활환

경이 녹록하지 않다. 그래서 사람들은 믿을 수 있는 장을 찾았고 이러한 소비자의 요구에 맞춰 신세계는 SSG 장방을 운영하고 있다.

전국 명인들의 전통장을 선별해 한데 모아 소비자들이 믿고 장을 구매하도록 하고 있는데 그중에서 최고로 손꼽는 장이 '기순도 명인 전통장'이다. 1년에 40kg들이 천일염 2,300가마를 쓴다고 한다. 종부의 아들과 딸은 식품공학을 전공했고 특히 작은아들은 재래간장으로 박사 과정을 전공해 장맛 유지와 생산 관리를 보다 전문적으로 할 수 있도록 하는 큰 조력자가 되고 있다. 서울의 유명 백화점 곳곳에도 죽염, 간장을 비롯해 된장, 청국장, 고추장, 딸기 고추장, 즉석 우거지 된장, 식혜 등이 판매되고 있다.

또한 우수한 우리의 장문화를 제대로 아는 것은 우리 문화의 원형을 되돌아보는 좋은 교육이 되기에 코레일과 연계하여 된장 체험 학습을 하고 있고 문화체육관광부와 한국관광공사는 '대한민국 구석구석, 맛있는 여행 캠페인' 사이트에서 맛 기행 여행 상품으로 기순도전통장을 소개하고 있다. 얼마 전 MBC 프로그램 〈기분 좋은 날〉에서는 기순도 종부를 초대해 전통장에 대해 방송하기도 했다.

시집오자마자 장을 담근 기순도 명인은 올해로 44년째 장을 만들어오고 있다. 그

럼에도 "장 담글 때는 초상 난 집이 있어도 문상도 안 가며 정성을 다하지만, 장 담
그는 일은 지금도 여전히 자신할 수가 없습니다. 복잡한 과정 중 한 가지만 잘못돼
도 제 맛을 못 내기 때문이죠."라고 말한다. 참고 기다리며 자연의 시간에게 손을
빌려야 비로소 깊은 맛이 나는 것이 장이기 때문이다.

기순도전통장

주소 전라남도 담양군 창평면 유천길 154-15
전화 061-383-6204

기순도전통장 만들기

1. 장은 1년에 한 번 담그는데 동짓달 말날(음력 11월의 '오(午)' 자가 들어간 날)을 받아
   메주를 만들어 한 달 정도 발효시킨다. 메주는 한옥 황토방 발효실에서 유기농 볏짚
   에 매달아 발효시킨다. 잘 뜬 메주는 정월(음력 1월)에 말날을 받아 죽염수와 함께 항
   아리에 넣어 다시 발효시킨다.
2. 메주가 잘 발효되면 메주만 분리해 항아리에 담아 숙성시켜 된장으로 만든다. 메주에
   서 우러난 죽염수는 분리해 항아리에 담아 간장으로 숙성시킨다. 콩은 전라남도 담
   양, 해남, 무안의 태광종을 주로 사용하며 콩이 너무 크면 싱겁고 너무 잘아도 좋지
   않아 중간 정도의 콩을 사용한다. 죽염은 신안 태평염전의 천일염을 3년 왕대에 넣어
   두 번 직접 구운 죽염만을 사용하며 물은 대나무숲, 맑은 공기, 맑은 물 세 가지가 어
   우러져 청정 지역으로 유명한 전남 담양의 150m 암반수를 사용한다. 전통 방식으로
   옹기 항아리에서 발효시킨다.
3. 간장은 1년 된 청장, 3~4년 된 중간장, 5년 이상 된 진장으로 나눠 판매한다. 오래될
   수록 색깔은 진해진다. 청장은 오이냉국이나 김밥, 묵채 등에 사용하고, 진장은 갈비,
   흰죽, 전복, 육포, 김부각 등에 사용한다.

창평쌀엿

햇빛이 듬뿍 담긴 쌀로 만들어낸 맛

전라남도 담양군 창평 지역에서 만든 쌀엿은 먹을 때 치아에 붙지 않고 입 안에서 '탁' 끊기면서 바삭거리는 식감과 달면서도 담백한 맛이라 한 번 먹어본 사람들은 꼭 다시 찾게 되는 매력이 있다. '엿이 뭐 특별할 것이 있을까' 하는 선입견을 가질 수도 있지만 그것은 아직 창평쌀엿을 맛보지 못한 사람들이나 하는 안타까운 소리이다.

창평의 엿이 특별한 것은 주재료인 담양에서 생산된 쌀의 영향이 크다. 담양은 남도의 대표적 쌀 주산지로 지명에서 알 수 있듯 물과 햇빛이 풍부한 지역에서 재배

한 쌀로 맛있는 엿을 만들기에 딱 좋아 창평의 쌀엿과 조청 그리고 이를 바탕으로 만들어지는 한과에 이르기까지 한국에서 첫손가락에 꼽히는 대표적 간식으로 자리하고 있다.

창평쌀엿의 이야기는 조선시대에 세자였지만 왕이 되지 못하고, 왕족이지만 도성에 출입이 금지된 태종의 장자 양녕대군이 주인공이다. 어려서부터 왕위의 후계자로 자라났던 그는 충녕에게 세자 자리를 내려놓은 순간부터 생존을 걱정해야 했다. 왕위에는 관심이 없다는 인상을 주어야만 살아남을 수 있어 산천을 떠돌았다고 한다. 그러던 중 전라남도 담양 창평에 머물게 되었는데 함께 동행했던 궁녀들이 담양 쌀로 만든 쌀엿을 만들어 올렸는데 궁중에서 먹던 엿과는 확연히 다른 탁월한 맛이었다고 한다. 그 이유를 물으니 사방팔방에 밝은 햇볕이 드는 창평에서 양기(陽氣)를 듬뿍 받은 쌀로 만든 것이었기 때문이었다.

양녕대군은 일조량이 풍부한 창평에 머물면서 가슴에 맺힌 응어리를 풀고 새 힘을 얻어 길을 떠났다고 전해온다. 이후 이 지역에 부임한 현감들이 먹어보고 맛이 좋아 창평쌀엿을 궁궐에 진상하였고 궁중 대감들에게 선물하면서 한양까지 유명해졌다고 한다.

오랜 시간과 노력의 결과가 있어야 얻어지는 인내의 결과물

담양 여행을 하면서 쌀엿이 만들어지는 과정을 직접 보고 싶었다. 담양군 창평면에서 전통 방식 그대로 쌀엿을 만들어 판매하고 있는 고재구 씨를 4월에 찾아갔다. 하지만 안타깝게도 엿을 만드는 과정은 볼 수가 없었다.

사철 못 먹는 것이 없어진 현대 생활에 익숙해져 있다 보니 자연의 순리에 맞춰 만들어내는 먹거리에 대한 개념이 없었던 무지의 결과였다. 엿 만들기는 설을 앞두고 제일 바쁘다고 한다. 밀려드는 엿 주문을 맞추려면 온 가족이 동원되어 매일같이 엿가락을 늘이느라 분주하다고 한다. 날이 따뜻해지면서 엿 만드는 시기가 끝나면 조청을 만든다고 해서 엿 대신 조청 만드는 1박 2일 과정을 함께했다.

창평쌀엿은 오랜 시간과 노력의 결과가 있어야 얻어지는 인내의 결과물이다. 창평이 아시아 최초의 슬로시티로 선정될 때 많은 요소들이 만족할 만했지만 그중에서 쌀엿이 가장 큰 일등 공신이었다고 한다. 그것은 엿이 슬로푸드에 딱 맞는 인내의 먹거리이기 때문이었다. 가을 겉보리를 씻어 엿기름을 만들고, 햅쌀로 고두밥을 지어 엿기름과 섞어 식혜를 만든다. 식혜를 숙성시켜 가마솥에 달이면 조청이 되고 조청을 계속 달이면 갱엿이 되는데 이것을 여러 번 늘이고 접기를 반복해야 쌀엿이 된다. 엿은 날이 더우면 서로 달라붙어 보관이 어렵다. 그래서 날이 추워지는

11월부터 봄이 되기 전까지 겨울에 만든다. 창평의 쌀엿은 햇빛을 듬뿍 받은 쌀로 만들어 비티민이 풍부하다.

창평쌀엿 만드는 과정

1. 쌀은 5~6시간 물에 불린 다음 깨끗이 씻어 1시간 동안 찜통에 찐다.
2. 엿기름을 체에 3~4회 걸러놓는다.
3. 항아리에 끓여서 60℃로 식힌 물, 엿기름물, 쪄낸 밥을 함께 넣어 골고루 섞은 후에 뜨거운 방에 담요로 덮어 10시간 정도 발효시킨다.
4. 재료가 다 발효되면 면포에 거른 후 꼭 짠다.
5. 걸러진 국물은 센 불에서 1시간 30분 동안 넘치지 않도록 끓인 후 중불에서 4시간 정도 저으면서 끓인다. 이때 냉수에 떨어뜨려 굳어진 엿을 먹어보아 이에 붙지 않고 바삭거리면 달이기를 끝마친다.
6. 이것을 800g씩 나누어서 두 사람이 10분 정도 잡아당겨 늘인다. 이를 초벌 늘림이라고 하는데, 늘이는 과정에서 통깨와 곱게 다진 생강을 함께 섞는다.
7. 낡은 솥에 젖은 삼베 수건을 덮은 석쇠를 올려 김이 나면 초벌로 늘린 엿을 두 명이 이 위에서 10~15분 정도 늘리면서 엿의 넓이를 조정한다. 이를 두번 늘림이라 하는데 수건에서 나온 김이 엿에 들어가면서 자연스러운 결이 형성되고 엿이 하얗게 되면서 바삭거린다.
8. 굳으면 알맞은 크기로 자른다. 여름철에는 엿이 녹아서 붙지 않도록 콩가루나 쌀가루를 묻혀 먹는다.

약초밥상

어린 시절부터 성장하는 동안 늘 몸이 약했던 최금옥 씨는 제철에 산에 나는 풀과 뿌리들로 건강을 되찾게 되었다. 계절마다 자연의 순리를 따라 땅에서 자연스럽게 자라난 풀들은 우리 몸을 치유하는 힘을 가졌기 때문이다. 자연이 선물한 밥상의 소중함을 몸으로 깨달은 그녀는 창평슬로시티에서 약초밥상을 운영하면서 삶의 귀한 지혜를 나누고 있다. 최금옥 씨의 자연을 그대로 담아내고 있는 부엌에 오면 백여 가지의 약초 장아찌와 나물들을 실컷 맛볼 수 있다.

이곳에서는 밥도 약이고 비벼 먹는 장도 약이고 모든 반찬이 약이 된다. 그녀가 정성으로 양념해 만드는 모든 음식이 약이 된다. 사계절의 기운을 가득 담아 낸 한 그릇 식사는 잃었던 삶의 균형을 깨우고 자연의 힘을 회복하는 상차림이다. 음식을 담는 그릇도 정성을 다해 흙으로 구워 만들었다. 이곳에서 자연이 주는 순수한 맛을 먹어보려면 지켜야 할 약속이 있다. 일반 식당과는 다르게 스스로 먹을 만큼만 본인이 가져와 상을 차려야 하고 남기면 절대 안 된다. 게다가 자기가 먹은 그릇은 직접 설거지를 해야 한다.

생각해보면 뭐 이런 억지 서비스가 있나 싶어 자칫 불평을 하거나 불편해할 것 같지만 손님들은 깔깔거리며 자신의 그릇을 깔끔하게 닦고 간다. 내 몸이 원하는 자

연을 듬뿍 먹을 수 있기 때문에 나도 모르게 입가에 미소가 지어지는 맛이다. 산다는 것이 만만하게 느껴지지 않아 힘이 든다면 그래서 위로가 필요하다면 이곳에 와서 힘이 나는 자연 밥상으로 몸과 마음을 채워보자.

천천히 깊게 다가서려는 사람만이 느낄 수 있는 행복

요즘은 요리 프로그램이 인기이고 맛집을 순례하며 찍은 음식 사진들이 SNS에 넘쳐나는 먹방의 시대이다. 좀 더 예쁘고 좀 더 자극적인 음식들이 판을 치고 어느 때가 제철인지를 모르는 식재료들이 넘쳐나고 있다. 우리들이 음식 안에 무엇이 들어 있는지 더 이상 궁금해하지 않는 동안 자신의 몸은 점점 병들어가고 있는 것이다. 머릿속에는 온통 '오늘 뭘 먹지?'와 '살 빼야 하는데'라는 2가지 문장으로 채워져 있고 내 몸이 무엇을 그리워하는지 잊어버린 채 휩쓸려 다니며 먹고 또 먹고 있다.

그러나 약초밥상은 요즘의 유행을 쫓아간 것이 하나도 없다. 화려한 스타일의 음식도 아니고 입맛에 짝 달라붙는 양념도 없다. 모두 최소한의 불과 양념으로 간을 해 자연 그대로의 순수한 맛과 색을 지키고 있다. 내 몸이 정말 좋아하는 밥상을 차리는 곳이다. 어쩌면 그 맛은 세상을 천천히 깊게 다가서려는 사람만이 느낄 수 있는 행복인지도 모른다.

그녀는 철마다 산으로 들로 나가 두발과 두 손으로 직접 식재료들을 구하러 다닌다. 구해온 재료들을 손질한 후 자연의 시간과 함께 병에 담아 저장 음식들을 만든다. 최금옥 씨는 자연과 교감하며 천천히 살아가는 방법을 음식을 통해 말해주고 있다. 창평에서 달팽이 몸짓처럼 느리게 사는 사람들을 만나면서 자연의 속도에 맞춰 천천히 살아가는 것이 인간이 행복해지는 지름길임을 알게 되었다.

약초밥상

주소 : 전라남도 담양군 창평면 돌담길 102
전화 : 010-2716-6312

약초밥상 교육 받기

약초밥상은 개인적으로 방문해서 자유롭게 식사를 할 수 있으며 식사 이외에 자연 염색된 소품이나 의복도 구입 가능하다. 또한 창평슬로시티 교육 프로그램 중 하나인 '약초밥상 교육'을 받아 보고 싶다면 사전에 예약한 후 참여 가능하다.
교육 가능한 시간은 매일 오전 10시에서 오후 1시이며 5명 이상 20명 이내로 밥상 체험 교육을 받을 수 있고 개인당 참가비는 1만 원이다. 단체 프로그램 등에 대한 궁금증은 슬로시티 방문자센터의 여행 플래너에게 문의하면 된다. 약초밥상 교실은 창평면사무소에서 2층 한옥의 문으로 나와 돌담길을 걸으면 바로 찾을 수 있다.

고택 체험

소나무언덕에서의 하룻밤

우리에게 남겨진 날이 얼마 남지 않았다고 가정해본다면 살아 있는 동안 꼭 해야 할 일은 무엇이 있을까? 중국의 작가 탄줴잉은 혼자 떠나 고독한 여행자가 되어보기를 권하고 있다. 상당수의 사람들이 혼자라는 사실을 참을 수 없어 하지만 고독만큼 생각을 풍성하게 만들고 그 차원을 높여주는 것은 없기 때문이라고 한다.

다른 이들과 함께 있을 때 우리는 맡겨진 배역에만 충실하게 연기하기 때문에 진정한 자기의 모습은 자연스레 잃게 된다. 따라서 조용히 자신을 음미할 수 있을 때 우리의 영혼은 성장한다. 대도시의 북적거림이 없는 풍경에서 오로지 나에게 집중할 수 있는 조용한 여행지를 찾는다면 슬로시티 창평을 권하고 싶다. 고택의 뜨끈한 아랫목에 누워 하룻밤 잠을 청하면 이런저런 먼지 같은 걱정 근심을 다 녹여버릴 수 있기 때문이다.

삼부자가 모두 나라를 위해 싸운 장흥 고씨

창평을 여행하는 동안 '소나무언덕'으로 불리는 학봉가(鶴峯家)에 머물렀다. 이곳은 의로운 조선의 명문가로 덕망이 높은 고경명(高敬命)의 후손 고영준 선생님이 사는 고택으로 장흥 고씨 문중의 종택이다.

대사헌 이조판서까지 역임했던 송순은 1533년 전남 담양으로 귀향하여 면앙정을 짓고 호남가단(湖南歌壇)을 형성하여 시와 풍류를 즐겼다. 그해에 광주에서 태어난 고경명은 후에 호남가단에 들어가 송순의 문하에서 학문을 배워 장원급제를 한다. 나라를 아끼고 백성을 몹시 사랑했던 제봉(霽峯) 고경명은 임진왜란이 일어나자 의병장이 되어 두 아들과 함께 임진왜란에 참여하여 큰 공을 세우고 전사한다. 나라에서는 이들의 충정을 기려 삼부자를 불천위(不遷位)로 지정했다.

불천위(不遷位)는 나라에 큰 공을 세운 사람의 제사를 5대가 넘어도 대대로 지낼 수 있게 조선에서 배려하는 것으로, 나라에 큰 공훈이 있거나 도덕성과 학문이 높은 사람에 대해 신주를 땅에 묻지 않고 사당(祠堂)에 영구히 두면서 제사를 지내는 것이 허락된 신위(神位)를 말한다. 조선 왕조에서 500년 동안 한 집안에서 삼부자가 동시에 나라에서 인정한 불천위를 받은 집안은 제봉 고경명 집안이 유일하다. 학봉가 뒤뜰로 가면 고경명 장군의 둘째 아들 고인후(高因厚)의 위패를 모신 사당이 있다. 고경명 장군과 큰아들 고종후는 광주에 사당이 있다.

불천위 사당

장흥 고씨 문중의 소나무언덕

'소나무언덕'에서는 주인인 고경명의 후손 고영준 선생님께 나라의 위기를 극복하려 조상들이 펼친 드라마보다 더 드라마 같은 '역사 이야기'를 생생하게 들을 수 있다. 열사의 충정을 가슴으로 들어보고 싶다면 미리 예약하여 약속을 정하고 출발하는 것이 좋다. 또한 고영준 선생님의 부인인 이숙재 종부가 운영하는 '종부의 다실'은 죽로차의 향을 제대로 경험할 수 있다.

창평이 고향인 지인은 반드시 '소나무언덕'에 가봐야 한다고 추천을 했는데 그 친구의 깊은 뜻을 종부집 고택에서의 하룻밤 숙박을 하면서 자연스레 알게 되었다. 종부집 고택에서 마련해준 아침 식사는 매우 소박했다. 최근 한식에 대한 관심이 높아지면서 종가의 화려하고 개성 넘치는 상차림이 매스컴에 소개되어 나 역시 종가 음식 하면 상다리가 휘어질 정도로 산해진미가 가득한 음식을 기대했다. 그런데 실제 평소에 먹는 종가 음식은 소박하고 정성이 깃든 음식이 더 많다고 한다.

식사 후 차를 마시며 마치 가족과 같은 분위기로 고영준 선생님의 이야기를 듣게 되었다. 설명에 따르면 임진왜란 때 의병장으로 참가하여 금산전투에서 제봉과 둘째 아들 학봉 고인후가 전사하고 이어 큰아들 고종후도 진주전투에서 순직한다. 학봉의 장인은 임진왜란으로 딸마저 죽자 외손자 다섯을 외가가 있는 창평으로 데려온다. 이때부터 장흥 고씨가 창평에 터를 이루게 되었다고 한다.

고경명, 고종후, 고인후 삼부자는 불천위로 지정되어 지금도 제사를 모시고 있다. 이후 일제강점기를 겪으면서 다시 갖은 위기를 맞았다고 한다. 조선의 명문가라고 하면 조상으로부터 전해오는 값비싼 보물이 많이 있을 거라고 생각하는 사람들이 있다. 그러나 고경명의 후손들이 사는 집은 일본인들이 불을 내 가족들이 겨우 목숨만 부지한 채 몸을 숨기고 떠돌던 안타까운 시절이 있었다고 한다. 의로운 조선의 명문가로서 오늘날까지 애국이라는 신념을 지켜내는 것이 결코 녹록하지 않았음을 알게 되었다. 이곳 고경명의 후손이 사는 집에 가장 소중하게 전해오고 있는 보물은 세상에서 가장 가치 있는 '애국'이었다.

소나무언덕

주소 : 전라남도 담양군 창평면 경동길 12-1

전화 : 061-382-8171 홈페이지 : cafe.daum.net/finehill-slowcity

하심당(下心堂)

마음을 내려놓고 쉬어가다

문중에는 맏이로 이어진 종손이 있다. 종손은 문중의 실제적인 대표자로서 문중의 중요한 권리를 가지며 동시에 가문을 대표하는 큰 사람으로서 임무를 수행한다. 그 임무는 조상에게 제사를 지내는 것이고 다른 사람에게 모범이 되는 생활 자세를 가지며 종가에 찾아온 손님을 부끄럽지 않게 대접할 것 등이다. 과거에는 큰집 대문을 두드리는 과객이 유난히 많았다. 종가는 자기 집을 찾는 이를 박대하지 않았고 모두 받아들여 숙식을 제공했다.

그리고 객이 피곤을 풀고 염치를 차려 떠날 때가 되면 버선과 옷, 노자를 챙겨 보

내기도 했다. 이 집의 평판이 바로 객을 통해 이루어지기 때문이었다. 봉제사접빈객(奉祭祀接賓客)은 제사를 모시고 손님을 접대하는 것을 말하는 데 조선시대 종가가 치러야 했던 큰 덕목이었기 때문이다. 이러한 이유로 종손의 일생은 제사 모시기와 손님 접대로 보내야 했다. 종가에는 하루도 손님이 없었던 적이 없었기 때문이다.

정성을 다해 빚는 전통주

조선시대까지 종가집에서는 제사와 손님 대접에 지극 정성을 쏟기 위해 술은 빼놓지 않고 가양주로 직접 빚어 대접했다. 호남 지역 종가집에서 빚는 제주(祭酒) 중에 제일로 손꼽는 술은 홍주 송씨 집안에서 전해 내려오는 '석탄주(惜呑酒)'이다.

요즘에는 핵가족화로 이 덕목이 잊히고 있지만 전통을 중요하게 여기는 집안에서는 여전히 술을 직접 빚는 정성을 쏟고 있다. 특히 명절이나 조상의 제사상에 올리는 제주(祭酒)는 오늘날에도 정성을 다해 빚고 있다. 12대 종손 송영종 씨가 그의 집 '하심당(下心堂)'에서 빚고 있는 술 '석탄주(惜呑酒)'의 이름은 '삼키기도 아까운 술'이라는 뜻이다.

석탄주는 《임원경제지》, 《음식 방문》, 《주방문》에 기록이 남아 있는 것으로 보아 당시에는 일반적으로 마셨던 술임을 알 수 있다. 또한 《시의전서》에서 '성탄향(聖呑香)', 《양주방》과 《조선무쌍신식요리제법》에는 '석탄향(惜呑香)', 《주찬》에는 '석탄향(石炭香)', 《주방문》에는 '석탄주법'으로 수록되어 있어, 석탄주의 특징이 아름다운 향기에 있음을 짐작케 하지만 야속한 세파를 겪으면서 일반인들에게는 전통의 맥이 사라진 전통주이다.

우리 술의 역사

우리 술의 역사를 잠시 살펴보면, 고조선 이전부터 시작되었을 것으로 추정하고 있어 5천 년이 넘는 유구한 술 문화를 갖고 있다. 특히 《위지동이전》 기록을 보면 삼한시대 영고, 동맹, 무천 등 제천 행사에 남녀노소가 밤낮으로 술을 즐겼다는 내용이 있어 술이 오래전부터 일상화되었음을 알 수 있다.

백제 사람 인번은 일본으로 건너가 술 빚는 법을 전해주어 술의 신으로 추앙될 정도였고 통일신라시대의 청주는 중국에서 명성을 떨쳐 당나라 옥계생이 신라의 술을 극찬하는 시(詩)가 전해온다. 조선 후기에 이르러 우리 술은 실학자까지 품질 향상과 새로운 술 개발에 힘써 절정기를 이루었다. 그러나 조선이 국권을 상실하자 일본은 식민지 경제 수탈의 일환으로 1909년 주세령을 공포하고 민가에서 술을 빚는 것을 금지해 찬란한 우리의 술은 자취를 감추게 되었다.

일제의 정책은 해를 거듭할수록 강화되어 술은 제사, 혼사 등에 사용되기 위해 몰래 빚는 것으로 명맥을 이을 수밖에 없었다. 광복 후에도 우리 정부는 식량 부족이라는 이유로 술을 빚지 못하게 하고 밀주 단속을 했다. 88올림픽을 계기로 우리 전

통문화를 외국 관광객에게 알린다는 취지로 관련법이 개정되어 비로소 우리 술을 빚을 수 있는 길이 열렸다. (참고 서적 :《우리 술빚기》, 조호철, 2004, 넥서스)

홍주 송씨 집안의 석탄주

수천 년간 동고동락한 우리 술이 단순한 술을 넘어 우리 민족의 정신 문화의 산물임을 인식하면서 최근 들어 각계의 술 전문가들이 내려오는 기록을 바탕으로 하여 전통주의 재현에 뜻을 두고 만들고 있다. 석탄주는 전통주 중에서도 많은 관심을 가지고 재현에 심혈을 기울이고 있는 술이다. 12대 종손 송영종 씨는 대중에게는 잊혀진 술이지만 송씨 집안에서는 제사, 혼사 등에 사용되기 위해 대대로 석탄주를 빚어왔기 때문에 명맥을 이을 수 있었다고 한다. 또한 후손들이 술을 빚을 수 있도록 가보(家寶)로 전해오는 제조법이 있다고 한다.

송씨 집안에서 만든 석탄주는 우리 술의 종류 중에 약주에 속한다. 약주 양조법은 단양법과 중양법이 있다. 조선시대 가장 보편화된 술 빚는 방법이었던 중양법은 밑술을 만들고 양조 원료를 나누어 여러 차례 덧술 하는 방법이다. 덧술을 자주 하면 알코올 도수가 높아지고 맛은 달짝지근하면서 입에 짝 달라붙으며 향이 풍부해져 고급스러운 술이 된다. 하지만 덧술을 여러 번 하다보니 원료의 양에 비해 최종

적으로 만들어지는 술의 양이 적어 사대부 집안이나 재력이 있는 양반들이 주로 빚어 마셨다고 한다.

홍주 송씨 집안에서 전해 내려오는 석탄주는 매실향이 진하게 난다. 맛을 본 사람의 대부분이 술을 빚는 과정에서 매실을 넣었느냐고 물어본다고 한다. 찹쌀로만 빚은 술에서 그런 꽃향이 나는 것이 신비로워서, 말 그대로 삼키기도 아까운 술이 바로 석탄주라고 한다. 하심당에 들렀다가 석탄주의 맛을 본 사람들이 그 맛을 잊지 못해 요청이 쇄도하자, 송씨는 석탄주를 대량 생산하기 위해 국세청의 제조 허가와 식품의약품안전처의 판매 허가를 받아 판매를 시작했다.

마음을 내려놓고 쉬어가는 '하심당'

술은 자연스럽게 저절로 익기를 기다려 주어야 하며 빚는 과정에서 더 좋은 술맛을 내겠다는 욕심이 앞서면 본래의 술맛이 나질 않는다고 한다. 그래서일까? 집주인 송영종 씨는 마음을 내려놓고 쉬어가라는 의미로 사랑채를 '하심당(下心堂)'이라 이름 짓고 숙박객을 받고 있다.

삶을 행복으로 채우고 싶을 때는 아이러니하게도 마음을 내려놓는 비움을 실천해야 가능하다. 행복을 위해 무엇을 버리고, 무엇을 취할지에 대한 판단은 오로지 각자의 몫이다. 복잡한 마음을 살짝 내려놓고 무심한 듯 지내는 하심당에서의 하루는 살아 있는 순간순간이 소중하게 느껴지는 행복이 있다. 12대째 내려오면서 150여 년의 시간을 품은 한옥이다 보니 숙박을 하게 되면 불편함이 있지만 하심당은 전국에 입소문이 퍼져 손님들이 끊이지 않고 있다.

인기에 힘입어 최근에는 〈한국인의 밥상〉 등 TV 프로그램에도 자주 볼 수 있는 명소가 되었다. 하심당 뒷산에는 다양한 수목들을 감상할 수 있는 5,000여m² 규모의 산책로가 있고 두 나무가 서로 엉켜 마치 한 나무처럼 자라는 연리지(連理枝)는 이곳을 찾는 부부나 연인들에게 각별한 의미를 준다. 하심당은 사계절 모두 좋지만 특별히 긴 겨울이 끝나고 봄의 전령이 찾아올 때 가면 더 좋다. 정원에 고목처럼 서있던 매화나무에서 보석처럼 붉은 꽃망울이 가득 피어나 고택과 어우러진 아름다운 풍경을 마음에 담아 갈 수 있기 때문이다.

창평미륵불과 항일정신
창평 무사안녕의 염원이 담긴 석상

얼핏 보면 선비 같기도 한 창평의 미륵불은 창평 백성들을 치유하고 지켜 주었던 소중한 이야기를 가지고 있다. 조선 말기 전라도 담양 창평에 몹쓸 역병이 돌았다고 한다. 병에 걸리면 구토를 하고 설사를 했는데 당시 사람들은 먹을 것이 부족해 근근이 끼니를 때우던 때라 돌림병에 걸리면 바로 죽어 나갔다고 한다. 죽음의 공포가 마을을 뒤덮었고 마을 사람들은 병을 피해 떠날 준비를 할 수밖에 없었다. 그러나 누구 하나 살던 곳을 쉽게 버리지 못하고 망설이고 있을 때 선비 한 분이 마을 사람들에게 함께 힘을 모아 이겨내자고 설득을 했고 창평 원님부터

부녀자들까지 나서서 병자들을 극진히 간호를 했다고 한다. 힘없는 노인들은 미륵불에게 정화수를 떠놓고 간절하게 마을의 안녕을 빌었고 그 정성이 하늘에 닿았는지 역병은 서서히 물러갔다는 이야기가 전해온다.

창평미륵불

창평농협 건물 뒤편에 있는 미륵불은 역병이 돌 당시 퇴치에 앞장섰던 선비가 창평의 무사안녕의 염원을 담아 마을 입구에 세웠다고 전해온다. 담양 사람들이 고난에 무너지지 않고 힘을 합쳐 희망을 찾았던 미륵불에 담겨 있는 이야기는 사람들에게 잊혀가고 있어 아쉽기만 하다. 역병이 돌아 죽음과 맞서 싸웠던 참담했던 시절 창평의 빛이었던 미륵불에는 고통의 시간을 함께 이겨낸 창평 사람들의 강인한 마음이 미륵불의 미소에 담겨 있는 듯하다.

삼지내 주민의 항일 정신

창평읍 삼지내마을의 상점들은 일제강점기에도 일본인들에게 장사할 자리를 내어주지 않기로 유명했다. 그들 중에는 개인 재산을 털어서라도 일본인과 겨루어 상권을 지켰다. 상인뿐 아니라 창평면의 주민들도 합심하여 우리 것을 지켜내고 일본인들에게 절대 굴복하지 않았다. 그리하여 일제강점기 때에도 창평은 일본인들이 점령하지 못한 땅으로 지금도 창평 주민의 자부심으로 남아 있다. 심지어 부인

창평상회가 있던 자리

들은 담 밖에 게다짝^{게다, 일본사람들이 신는 나막신} 소리가 들리면 부엌의 설거지물이나
뜨거운 물을 담 너머로 뿌려 일본에 대한 반감을 표시했다고 한다. 창평 주재소에
근무하던 순사들은 밤이면 무서워서 창평에서 잠을 자지 못하고 광주에 가서 자고
낮에만 근무할 정도로 반일 정신이 뚜렷했다. 일본상회의 물건은 일체 사 주지 않
고 밤에 가서 때려 부수어버려 일본인들이 창평에서는 살지 못했다고 한다.

일본의 자본 침탈을 막아낸 창평상회

일제강점기의 창평은 어떠했을까? 마을 사람들은 일본이 경제적으로 조선을 무력
화시키려고 했던 다양한 시도들에 맞서 창평이 어떻게 굳건하게 스스로를 지켰는
가를 기억하고 들려준다. 일본은 창평의 큰 상인들을 약화시키기 위해 창평시장의
위치를 창평현교에서 지금의 자리로 옮겨왔다. 이후 일본은 고리대금업자들을 양
성했다. 조선인들에게 돈을 저렴한 이자로 후하게 빌려주어 고리대금업을 활성화
시킨 뒤, 높은 이자로 전환하는 수법을 썼다. 그러나 점점 갚을 수 없는 이자와 원
금을 요구하여 땅과 집 등 마을의 재산을 하나둘씩 빼앗았다. 이에 그치지 않고 마
을 사람들을 상대로 일본 생필품을 팔아 높은 이익을 챙겼다.

창평의 고재환은, 이러한 일본의 시장 침탈을 막아내기 위해 지금의 창평농협 자
리에 창평상회를 세웠다. 민간 대출과 생필품 공급을 위해서였다. 민간 구휼을 통
한 국난 극복의 뜻을 품고 창평상회가 문을 열었다. 덕분에 일제의 자본이 창평에
자리 잡는 것을 막을 수 있었다. 창평상회는 일제 식민지하에서 3 · 1운동을 비롯

한 독립 운동을 주도한 전라남도의 조선 건국 준비위원회의 역할도 했다. 창평 주민들은 창평상회를 중심으로 빼앗긴 나라를 되찾기 위해 연령과 이념을 초월하여 일본과 맞서 싸웠다고 전한다.

창평오일장과 장터국밥

창평면 창평리에서는 매월 5일, 10일, 15일, 20일 그리고 말일에 전통 재래시장이 열린다. 창평오일장은 계절별로 우리가 무엇을 먹어야 하는지 알려 준다. 옹기장으로 시작한 창평장은 담양의 다양한 농특산품이 한데 모이는 곳으로 그 옛날 정겨운 장날 풍경을 지금도 볼 수 있다.

창평오일장은 국밥이 가장 인기 메뉴이다. 창평오일장이 아닌 때라도 국밥거리에 오면 365일 따끈하고 푸짐한 국밥을 먹을 수 있다. 돼지고기를 푹 삶은 국물에 얇게 썬 고기와 파를 송송 썰어 넣은 국밥 한 그릇을 마주해 그 사이로 보이는 밥알을 보고 있으면 먹기도 전에 마음이 두둑해진다. 고기가 귀하던 시절 주머니가 가벼운 서민들에게 어려운 시절을 이겨 낼 동력이었던 국밥은 지금도 변함없이 따뜻한 국밥 한 그릇으로 행복을 가득 충전해준다.

자전거로 슬로시티 여행하기

자전거 타고 창평의 보물 찾기

창평슬로시티에는 슬로시티 내 마을들을 이어주는 자전거길들이 있다. 자전거 라이더들을 위한 난이도 높은 코스도 있고 쉽고 간결한 코스들도 있다. 마을 주민들이 다니던 길들을 주로 살려낸 자전거길들은 논길과 밭길, 오솔길, 대로 등 그 길의 모양새도 다양하다. 현재까지 자전거길은 코스별로 6~11.7km에 걸쳐 세 갈래 길로 구성되었다.

마을의 오랜 저수지인 용운지, 상월정, 포의사를 둘러볼 수 있는 싸목싸목길은 오래된 마을의 옛 풍경이 고스란히 살아 있어 정겹다. 장전 이씨 고택과 《미암일기》를

싸목싸목길

보관하고 있는 모현관, 장화리로 이르는 미암길에는 달팽이학당이인 '하심당', '수제 막걸리', '수제 천연식초'로도 통하며 코스가 짧아도 볼거리가 풍부하다. 명옥헌원림 길은 담양의 정자들 중 소담하고 조용한 풍경으로 꼽힌다. 작은 연못을 둘러싸고 자라는 배롱나무들과 어우러진 정자에 앉아 있으면 시름이 사라진다. 명옥헌원림을 감싸고 있는 감익는 마을의 풍경도 아름답다.

창평슬로시티만의 자전거여행 시스템, 바이크 버스

창평슬로시티의 자전거길은 별도로 개발되어 깔린 인공적인 길이 아니라는 것이 특징이고, 그 점이 길을 아름답게 하지만 혼자 자전거를 타기에는 부담이 되는 구간들이 곳곳에 있다. 차로를 지날 때가 특히 그렇다. 그래서 도입한 시스템이 '바이크 버스'이다. 실제 버스가 아니라, 한 무리의 사람들이 함께 자전거를 타고 가는 모양이 마치 버스처럼 보인다 하여 붙여진 이름이고, 출발 시간과 중간 정거장들,

코스가 정해져 있어 버스의 시스템과 유사하기 때문에 불리는 이름이다.

'바이크 버스'는 차들이 달리는 도로에서 안전을 기할 수 있으며 자전거 라이딩의 수월함과 힘겨움을 조절하는 바람의 영향을 덜 받아 한결 수월하게 라이딩할 수 있다. 혼자 달릴 때보다 훨씬 빠르고 쉽게 이동할 수 있다. 바이크 버스는 자전거를 가장 못타는 사람의 수준에 맞추어 달리기 때문에 자신이 느리게 달린다고 걱정할 필요가 없고, 중간 지점마다 정거장이 있어 '버스에서 내려(대열에서 빠져)' 쉬어 가는 것도 가능하다.

모든 코스는 슬로시티 방문자센터에서 시작된다. 출발 시간과 정거장마다에 서는 시간이 정해져 있어 중간에 가고 싶은 곳이 있을 때, 정거장에서 별도로 길을 가고 합류하고 싶을 때, 바이크 버스가 자신이 있는 곳에서 가까운 정거장에 도착하는 시간에 맞추어 다시 합류할 수 있다. 이 시스템은 자리를 잡아 활성화되기까지 시간이 필요하다. 현재는 자전거 이용자들이 자율적으로 약속을 정하여 이용하고 있다. 도시에서 출퇴근을 위한 바이크 버스 동호회의 활동에 참여한 적이 있는 사람들은 함께 움직여보길 추천한다. 사람들의 아이디어와 의견이 더해지며 자리잡는 시스템이니 라이딩 후 보완점이나 더 나은 아이디어를 내는 참여를 언제나 환영한다.

자전거를 타고 싶은데 자전거를 가져갈 방안이 없어도 걱정이 없다. 전문 라이더들이 타는 자전거는 아니지만, 슬로시티 방문자센터에서 자전거 대여 서비스를 운영하고 있다. 신분증을 맡기고 저렴한 비용으로 이용할 수 있다.

바이크 버스 이용 시 숙지사항

1. 대열에서 합류하거나 빠지는 것을 '버스에 탄다, 내린다'라고 표현한다.
2. 일단 바이크 버스에 탑승하면 단체가 함께 행동한다.
3. 바이크 버스 탑승 매너를 지킨다. 바이크 버스를 함께 타는 사람들과 "안녕하세요? 반갑습니다!"라고 인사한다.
4. 바이크 버스에는 운전사와 조수가 있어야 한다. 두 사람 모두 라이딩 경험이 많고 바이크 버스 경험이 있으면 좋다. 운전사는 선두에 서서 달리고 조수는 후미에서 달린다. 운전사는 선두 차선의 좌측 1/3지점에서 달리며, 조수는 그룹의 가장 뒤 우측 1/3 지점에서 달린다. 탑승자들은 그 중간의 대열을 만들어 서로 약 1m 이상의 간격으로 진행하면 된다.

 **코스 ❶ 싸목싸목길** 

주행 코스 총 11.7km / 산행 포함 3시간 소요

방문자센터 → 용운지(상월정 등산로 입구) → 포의사 → 방문자센터

특징 코스가 길고 중간에 싸목싸목길을 걷는 산행이 포함된다.

관광 및 라이딩 포인트 용운지, 상월정, 포의사

용운지

유천리와 용수리 사이의 용봉산에서 흐르는 물줄기를 한껏 안고 있는 아담한 저수지이다. 용운지는 이른 새벽의 물안개와 해질녘의 일몰이 장관이다. 용운 저수지의 둑방에 서서 한눈에 내려다보는 삼지내마을의 들녘은 봉황이 날개를 펴 창평을 감싸안은 형세다. 용이 구름 사이로 날아갔다고 해서 용운마을이라 이름했다는 마을의 저수지에 이른 새벽 물안개가 오를 때, 용의 형상이 보이는 듯하다.

상월정(上月亭)

전남문화재 자료 17호. 조선 세조 3년 김자수가 벼슬을 그만두고 낙향하여 대자암터에 지은 정자이다. 상월정은 많은 누각으로 유명한 담양에서 유일하게 '풍류를 즐기기 위한 목적이 아닌 공부를 하기 위한 정자'로 활용되었다.

포의사(褒義祠)

녹천 고광순(1848~1907)을 모시는 사당이다. 을미사변(1895) 이후 좌도의병대장에 추대되었고 을사늑약(1905) 후 창평에서 의병을 일으켰다. 그가 목숨을 바쳐 지킨 불원복(不遠復)기는 '머지않아 국권을 회복한다'는 의미로 그가 일으킨 의병의 정신이었다.

 코스 ❷ 미암길

주행 코스 총 6km

방문자센터 → 장전 이씨 고택 → 모현관(미암일기) → 하심당 → 수제막걸리, 화양마을 천연식초 → 방문자센터

특징 달팽이학당을 포함하여 숙박이 가능한 코스

관광 및 라이딩 포인트 장전 이씨 고택, 모현관(미암일기), 하심당, 수제막걸리, 화양마을 천연식초

장전 이씨 고택(昌平長田李氏古宅)

전남민속자료 제41호, 조선 후기에 장전마을로 입촌한 이형정(1682~1752)의 종가, 가옥은 남부 지방의 전형적인 부농형 양반집이다. 1950년 월북 과학자로 북한에서 '노력 영웅' 칭호를 받은 이승기 박사의 생가이기도 하다. 이승기 박사는 세계 최초로 합성섬유인 '비날론(vinalon)'을 개발했다.

모현관(慕賢館)

보물 제260호인 《미암일기(眉巖日記)》가 보관되어 있다. 《미암일기》는 조선 명종·선조 때 사헌부 대사헌, 홍문관 부재학 등을 지낸 미암 유희춘(柳希春, 1513~1577)이 1567년부터 1577년까지 11년 동안 거의 매일 한문으로 적은 일기이다. 본래 14권이었으나 현재 11권이 남아 있으며 이중 10권은 그의 일기이고, 1권은 자신과 부인 송씨의 시문을 모은 책이다. 관직 수행과 관련된 조정의 동태가 상세히 기록되어 있다.

코스 ❸ 명옥헌원림길

주행 코스 총 11km

방문자센터 → 명옥헌원림 → 방문자센터

특징 개울과 정자와 배롱나무가 어우러진 사색의 길

관광 및 라이딩 포인트 명옥헌원림

명옥헌원림(鳴玉軒苑林)

국가지정문화재 명승 제58호, 조선중기 오희도(吳希道, 1583~1623)가 자연을 벗 삼아 살던 곳이다. 후에 그의 아들 오이정(吳以井, 1574~1615)이 명옥헌을 짓고 건물 앞뒤에는 네모난 연못을 파고 주위에 꽃나무를 심어 아름답게 정원을 가꾸었다. 소쇄원과 같은 아름다운 민간 정원으로 꼽힌다. 계곡의 물을 받아 연못을 꾸미고 주변을 배롱나무로 조성한 솜씨가 자연을 거스리지 않고 그대로 담아낸 조상들의 소담한 마음을 그대로 반영하였다.

소쇄원이 그러하듯이 이 명옥헌의 물소리도 구슬이 부딪쳐 나는 소리와 같다고 여겨 명옥헌이라고 하였다. 배롱나무 꽃필 때, 명옥헌원림은 절경이다. 정자에 올라앉아 물소리를 들으며 연못을 바라보고 앉아 있자면 지혜의 빛이 저절로 밝아진다. 명옥헌원림을 둘러싸고 있는 마을은 조용하고 단아하다. 민가를 지나는 작은 길목을 오가며 마을 사람들의 평온함을 깨지 않도록 주의하자. 명옥헌원림의 작은 연못에 앉아 바라보는 감나무밭의 풍경은 언제나 풍요롭다. 마을 사람들이 조용해서일까. 동네 강아지들도 순박하기만 하다.

1. 남극루(南極樓)

지정 번호	향토유형문화유산 제3호
규모	정면 3칸, 측면 2칸(2층), 팔각지붕
지정일	2003년 6월 30일
소재지	담양군 창평면 삼천리 396
시대	1830년대

창평 남극루는 일주문을 따라 창평에 들어서면 창평면 삼천리 하삼천 마을 논 가운데 있는 누각이다. 1830년대에 장흥고씨 일문의 고광일을 비롯한 30여 명이 현재 면사무소 앞인 옛 창평동헌 자리에 건립한 누각이다. 마을 사람들에게 현감현령이 출근했다거나 퇴근했다는 사실을 알려 마을 사람들이 상의할 일들을 동헌으로 가져오게 하는 표식으로 북소리를 울리기 위한 종루 역할을 했다.

또한 마을 사람들은 양로정(養老亭)이라 부르며 정자 위층에서는 마을 어르신들이 쉬고, 아래층에서는 아이들이 책을 읽었다고 한다. 당시에는 안동 선비들과 창평 선비들이 해마다 오고가며 교류를 했는데 봄이면 안동 선비들이 창평으로 오고 가을에는 창평의 선비들이 안동으로 가 함께 시(詩)와 가(歌)를 나누며 교류했다고 한다. 그러던 어느 해 봄날에 한 안동의 선비가 "이렇게 산세 좋고, 들 좋고, 공기 좋은 곳을 양로정이 무엇이냐?"며 "남극(남쪽의 극락)이라 하자." 시를 지었다고 한다. 그리고 그곳에 있던 선비들 모두의 공감을 얻어 그 가사는 그 해의 장원이 되었고, 양로정의 이름이 그때부터 남극루(南極樓)로 바뀌었다.

남극루는 창평현이 담양으로 통합되어 동헌이 사라지자 1919년에 지금의 자리로 옮겨졌다. 남극루는 담양의 누정 중에 보기 드문 2층 누각 형태로 담양 지방의 다른 정자와 비교하면 웅장한 규모이다. 현재 현판은 물론 기문이나 중수기가 없어 아쉬움이 크다.

2. 고재선가옥(高在宣家屋)

지정 번호	전라남도 민속문화재 제5호
분류	유적건조물 · 주거생활 · 주거건축 · 가옥
규모	경내 일원
지정일	1986년 2월 7일
소재지	담양군 창평면 삼천리 165
시대	일제강점기

담양 고재선가옥은 전통적인 상류 주택의 모습을 잘 간직한 집으로 1915년경에 원래 있던 자리에 대문채 · 안채 · 헛간채 등을 다시 지었다. 대문간은 3칸으로 가운데 칸의 대문을 들어서면 각종 나무와 네모난 연못으로 구성된 사랑마당이 있다. 사랑채와 안채는 담으로 막혀 있고 중문이 마련되어 있다.

중문에서 안채로 출입할 때 안채가 직접 노출되지 않게 ㄱ 자 형태로 의도적인 계획을 하였다. 안마당 서쪽에는 안채와 직각으로 광채를 배치하였고 안채 동북쪽에는 3칸의 식료 창고를 두었다. 사랑마당과 안마당은 내담을 쌓아 구획하였다. 사랑채는 일자형 4칸 겹집으로서 전퇴를 두고 좌측과 후면은 쪽마루를 설치하였다. 평면의 칸살은 서쪽으로부터 상하로 각 1칸씩 6개의 방이 있으며 맨끝 칸은 상하 2문의 대청을 배치하였다. 안채는 일자형 6칸 전후좌퇴(前後左退) 집으로서 서쪽의 2칸부터 5칸째까지 후퇴에 다시 쪽마루를 설치하였다. 평면의 칸살은 좌측으로부터 작은방, 대청 2칸이 있고 그 다음 좌우 2칸이 큰방이며, 뒷퇴칸은 좌우 웃방으로 되어 있고, 다음 칸은 부엌이다. 광채는 일자형 5칸으로 북쪽 1칸 마루를 깔았으며 나머지는 흙바닥(土床)으로 되어 있다.

마을의 어르신들은 아직도 어려울 때일수록 마을 사람들을 돌보던 그의 손길을 기억하며 그에게서 받은 가르침을 인생의 신념으로 삼아 살아왔다고 한다.

3. 고재환가옥(高在煥家屋)

지정 번호	전라남도 민속문화재 제37호
분류	유적건조물 · 주거생활 · 주거건축 · 가옥
규모	목조 와가 5동
지정일	2001년 9월 27일
소재지	담양군 창평면 돌담길 15–14
시대	1925년

1908년대 창평상회를 건립해 일제의 자본 침탈에 대항하고 이 지역의 일본인 상권을 몰아낸 배일 저항운동가 고재환의 옛집이다. 집안 재산으로 창평상회를 세워 민간 대출과 생필품 공급에 노력했다. 교육과 함께 민간 구휼, 국난 극복이라는 뜻을 품고 만들어진 창평상회 덕분에, 일제의 자본이 이 마을에 자리 잡는 것을 막았다. 부자의 사회적 책임을 언제나 강조하던 그의 신념대로, 그의 일가는 마을을 지키고 돌보는 데 힘썼다. 고재환의 선대는 증조부 고제두(高濟斗), 조부 고하주(高廈柱, 1874~1932), 부 고광표(高光表, 1908~1997)로 이어진다.

가옥은 창평면 소재지의 남쪽 부근의 넓은 들을 바라보며 자리하고 있다. 넓고 잘 다듬어진 마을 안길을 가다 집으로 향한 좁은 골목으로 10여m 지나면 5칸의 곡간채가 나오는데 맨 좌측 끝 1칸을 대문으로 하였다. 동입서출이라고 동쪽으로 난 대문을 들어서면 벽돌 담장을 쌓아 대문에서 안채가 들여다보이지 않게 하였다. 시선 차단용 담장을 지나면 넓은 안마당을 두고 사방을 안채, 사랑채, 삼칸채, 문간(곡간)채가 마당을 에워싼 ㅁ 자 형식으로 둘러싸여 있다.

4. 고정주고택(高鼎柱古宅)

지정 번호	전라남도 민속문화재 제42호
분류	유적건조물 · 주거생활 · 주거건축 · 가옥
규모	안채, 곳간채, 안사랑채, 바깥사랑채(육효당), 사당, 잠실, 대문, 중문
지정일	2008년 4월 11일
소재지	담양군 창평면 돌담길 15-35
시대	1913년

구한말 규장각 직각을 지낸 춘강 고정주(1863~1933)의 고택이다. 그는 1905년 을사보호 조약이 맺어지자 창평으로 낙향하였다. 나라를 되찾기 위해서 인재 양성이 절실함을 믿어, 근대 교육의 효시인 영학숙과 창흥의숙을 사재를 털어 열었다. 그로 인해, 고정주고택은 한말 민족 운동의 근원지로 현대사적 의미를 갖고 있다.

이 가옥은 전남 지방에서는 보기 드문 ㄷ 자형 평면 구조로 안채와 2동의 사랑채, 곳간채, 사당, 내외의 문간채 등으로 구성되어 나름대로 격식을 잘 갖춘 전통적인 양반집이다. 남서 측에서 솟을 3문을 통과하여 출입하면 안 사랑채와 바깥 사랑채가 나란히 위치하고 그 뒤로 안채와 곳간채가 직교하여 위치하고 있으며, 안사랑채 사당이 경역을 달리하여 동편에 자리하고 있으며, 건물의 뼈대가 굵고 간살이도 넓으며 구조 형식도 우수하다.

창평 고씨 이야기

장흥 고씨 문중이 무등산 자락 월봉산이 병풍처럼 둘러싸고 있는 아늑한 담양 삼지천에 터를 잡은 것은 임진왜란 전후이다. 장흥 고씨는 제주 고씨에서 나온 성씨이다. 시조 고중연(高仲淵)은 고려 말 공민왕을 호위해 영상북도로 피난한 호종 공신이다. 고종연이 장흥백(長興伯)에 책봉되면서 장흥으로 본관을 삼았다고 한다.

담양 창평에 사는 장흥 고씨는 임진왜란 때 의병장으로 활약한 제봉 고경명의 후손들이다. 금산전투에서 제봉과 둘째 아들 학봉 고인후가 전사한다. 큰아들 고종후도 진주 전투에서 순직한다. 학봉의 장인은 임진왜란으로 딸마저 죽자 외손자 다섯을 외가가 있는 창평으로 데려온다. 이때부터 장흥 고씨가 창평에 터를 이루게 되었다. 고경명, 고종후, 고인후 삼부자는 불천위로 지정되어 지금도 제사를 모시고 있다.

420여 년 동안 장흥 고씨는 창평에 집성촌을 이뤘고 재정계를 아우르는 많은 인물을 배출해 창평 고씨라는 별호를 얻었다. 창평 고씨는 전라남도를 대표하는 명문가로 손꼽힌다.

5. 포의사(褒義祠)

포의사는 녹천 고광순을 모시는 사당이다. 고광순(高光洵, 1848~1907)은 전남 담양군 창평면 유천리에서 장흥(長興) 고씨(高氏) 명문 후예로 헌종 14년(1848)에 태어났다. 자는 서백(瑞伯), 호는 녹천(鹿川)이다. 고광순 의사는 임진왜란 당시 호남회맹군의 대장이었던 제봉 고경명의 후손으로 금산전투에서 제봉과 함께 순절한 그의 차남 학봉 고인후의 사손이다.

을미사변(1895) 이후 좌동 의병대장에 추대되었고 을사늑약(1905) 후 창평에서 의병을 일으켰다. 녹천을 중심으로 활동했던 의병 진영을 '창평의진(昌平義陣)'이라는 역사적 평가를 하고 있다. 일제조차도 녹천을 '호남의병의 선구자', '고충신(高忠臣)'이라고 불렀고, 또 깎아내리기 위해 '거괴(巨怪)'라고 했다고 한다.

1907년 8월, 고종의 '의병 해산' 칙령 후에 의병의 근거지를 섬멸하기 위해 일제는 의병장과 의병의 집을 불태우고, 가족을 참살하는 악행을 저질렀다. 집이 불탔다는 소식을 전해 들은 녹천은 전투 대열을 새롭게 정비하고 결사항전을 다진다. 그리고 '불원복기(不遠復旗)'를 진용의 선두에 세웠다. 불원복기는 태극기에 '불원복(不遠復)'이라는 글자를 써넣은 것이다. 불원복은 주역(周易) 복괘(復卦)에서 '소멸했던 양기가 머지않아 회복된다'는 뜻으로 '머지않아 나라를 되찾을 수 있다'는 신념을 표상한 것이다. 녹천은 1907년 10월 9일, 연곡사에서 순절한다. 이때 연곡사에는 녹천과 고제량 등 13명의 의병뿐이었다.

테마로
둘러보기

금성산성 / 담양호·용마루길 / 가마골생태공원과 용추산
삼인산 / 추월산 / 병풍산 / 만덕산 / 월봉산
불교문화 순례 / 불교유물 / 담양 대표 음식 / 담양 대표 특산물

순수한 자연의 풍경은
어디에서도 볼 수 없는
큰 감동이 있다.

금성산성

담양호 · 용마루길

가마골생태공원

담양을 테마로 둘러보면 소풍날 숨겨진 보물찾기를 하듯 반가운 여행을 할 수 있다. 단, 높고 깊은 곳에 숨겨져 있으니 출발 전에 반드시 마음의 여유를 챙겨 가지고 떠나야 한다.

천혜의 요새 담양 금성산성은 아주 견고하게 지어진 아름다운 석성(石城)이다. 가파른 지형의 산성에 오르면 담양읍과 무등산 그리고 추월산이 보이며 발아래에는 담양호가 흐른다. 그곳에서 만나는 순수한 자연의 풍경은 어디에서도 볼 수 없는 큰 감동이 있다. 금성산성에서 아래로 보이는 담양호는 물의 모양이 마치 세상에서 가장 큰 용 한 마리가 꿈틀거리는 듯하다. 담양호를 즐기며 걷는 용마루길은 추월산, 금성산성 등 주변 경관을 함께 느낄 수 있는 아름다운 수변 산책 코스이다.

담양호에서 용추산 방향으로 조금만 가면 가마골생태공원이 있다. 영산강의 시원인 용소(龍沼)가 있는 가마골은 깊은 계곡이 있으며 다른 숲과는 사뭇 다른 원시림의 운치가 있다. 느릿느릿 순수한 자연을 만났다면 이제 불교 유적을 따라가는 불교 문화 순례를 권한다. 전쟁을 겪으면서 사찰은 대부분 불에 타 없어졌지만 남아 있는 흔적들을 돌아보면 스토리가 가득한 역사 여행이 된다.

담양은 산으로 둘러져 있어 삼인산, 병풍산, 추월산, 만덕산, 월봉산 중에서 다양한 산행 코스를 고르는 재미가 있다. 등산 마니아라면 몇 개의 산들을 연결해서 긴 거리를 산행할 수도 있다. 그중에서 고대 이집트의 거대한 피라미드를 연상케 하는 삼인산은 조선 태조 이성계가 임금의 자리에 오르는 기도를 들어준 곳으로 유명하다.

금성산성

세상에 드러나지 않은 천혜의 요새

남한산성(南漢山城)이 2014년에 유네스코에 의해 세계문화유산으로 지정되었다. 이후 우리나라의 산성(山城)은 재조명되었고 우리나라 산성의 아름다움이 전 세계로 알려지게 되는 계기가 되었다. 남한산성과 견줄 만한 규모의 산성은 담양의 금성산성(金城山城)이 유일하다. 1995년부터 116억 원의 사업비로 성곽 복원 사업이 추진되면서 성 외곽과 동서남북의 성문과 성벽이 살아나 50% 복원되었다. 이렇게 보수 사업이 잘 진행되어 마무리되면 유네스코 세계문화유산

으로 지정도 가능하다고 본다.

아직은 세상 사람들에게 감추어져 있는 천혜의 요새 금성산성에 도착해보면 작고 큰 돌로 탄탄하게 쌓아 올린 성곽 풍경에 놀라게 된다. 산성에 오르면 담양읍이 한 눈에 들어와 앞으로는 무등산과 추월산이 보이고 발아래로는 담양호가 흐른다. 그 곳에서 만나는 순수한 자연의 풍경은 어디에서도 볼 수 없는 감동이 있다. 또한 산 성을 따라 걸으면 자연스레 역사 유적을 만날 수 있다.

금성산성의 위치는 담양읍에서는 동북쪽으로 약 6km 떨어져 있고 담양군 금성면 과 전라북도 순창군의 경계를 이루는 금성산(603m)에 있다. 산성의 형태는 금성 산 줄기의 철마봉, 운대봉, 장대봉을 연결하여 해발 350~600m 능선에 외성과 내 성을 쌓아 이중 성으로 되어 있다. 외성의 둘레는 2km, 내성의 둘레는 700m이다.

성곽의 높이는 3m 이내이며, 성벽에 사용된 돌은 화강암 이외에 산성 주변에서 구한 점판암을 사용하였다. 금성산성은 특이하게도 여장(女墻)이 없다.

> 여장(女墻) : 성곽에서 몸을 숨기기 위해 성 위에 낮게 쌓은 담을 말한다. 여장에는 성 외부를 향해 총 등을 쏠 수 있게 '총안'이라는 구멍을 여장 하나마다 세 개를 뚫어 두었다.

역사를 따라 걷는 길

금성산성이 처음 축성된 시기에 대해서는 삼국시대라고 하지만 명확하지 않다. 조선 태종 9년(1409)에 개축했으며 임진왜란이 끝난 광해군 2년(1610)에 파괴된 성곽을 개수하고 내성을 구축했다. 다시 효종 4년(1653년) 성첩(城堞)을 중수함으로써 그야말로 지리적 요건을 맞춘 견고한 병영 기지의 면모를 갖추었다는 기록이 있다. 옛 문헌을 종합해보면 조선말기에는 성 안에 130여 호의 민가가 있었고, 관군까지 2천여 명이 머물렀던 거대한 성이었다. 외성(外城), 내성(內城), 성문(城門), 옹성(甕城), 망대(望臺)를 갖추고 성 안에는 사찰(寺刹)인 보국사, 민가(民家), 29개의 우물, 관아 시설, 곡식 1만 6천 섬이 들어갈 수 있는 군량미 창고가 있었다.

금성산성이 완성되자 그 규모와 위용은 대단하여 산을 압도할 정도로 커서 당시에는 금성산 대신 '산성산'이라는 이름으로 불렸다. 금성산성은 지금까지 장성의 입암산성, 무주의 적상산성과 함께 호남 3처산성(三處山城)이다.

본성에 동서남북 4곳에 문이 있는데 그 가운데 가장 중요한 통로로 사용되었던

금성산성 동문 터   금성산성 성벽

것은 서문이다. 서문과 동문에는 성의 안전을 위해 옹성이 설치했다. 통로로 사용된 문 이외에는 사방이 30여m가 넘는 깎아지른 절벽으로 둘러싸여 있어 그 누구도 성 안으로 들어올 수 없었다. 금성산의 주봉인 철마봉을 비롯하여 일대의 산지는 경사가 매우 가파르다. 또 주변에는 금성산보다 높은 산이 없어 성안을 들여다볼 수 없고 성 가운데 지역은 분지로 요새로는 완벽한 지리적 요건을 갖추고 있다. 이 같은 지리적인 특성으로 임진왜란 때는 남원성과 함께 의병의 거점이 되었고 1894년 동학농민운동 때는 치열한 싸움터가 되었다. 한국전쟁 때는 빨치산들의 주요 거점 지역이 되었고 빨치산 토벌 작전 때 그때까지 남아 있던 유일한 보국사까지 불에 타면서 이제 성 안에는 가옥이 모두 사라지고 터만 남아 있다. 동·서·남·북의 문과 성곽은 1990년대 들어 복원되었다. 금성산성은 수없이 많은 전쟁을 치르면서 산불이 산을 휘감아 거목을 찾아보기 어렵다.

목숨과 바꾼 아름다운 산성

일반적으로 금성산성은 외성을 한 바퀴 돌고 내성을 둘러보는 것이 순서이다. 남문에서 시작해 걷다보면 다시 남문으로 돌아오는 둥그렇게 된 산성인데 전체 면적은 약 100만m²에 달한다. 주차장에서부터 15분쯤 걸으면 성의 남문으로 오르는 산길이 시작된다. 소나무와 활엽수들이 섞인 숲길 좌우를 감상하며 20분쯤 오르면, 우뚝 솟은 성벽이 모습을 드러낸다. 망루 밑의 문이 외남문이다. 외남문(보국문, 補國

門)과 안쪽의 내남문(충용문, 忠勇門)을 합쳐 남문으로 부른다. 성 밖 관찰을 쉽게 하고, 적의 공격에 효율적으로 대응하기 위해 새의 부리처럼 튀어나오게 쌓은 성곽 끝부분에 외남문이 있다. 외남문 너머로는 추월산이 마주하고 발아래는 굽이치는 담양호 물줄기가 힘차게 흐르며 운이 좋으면 담양호를 덮는 운해의 장관을 감상할 수 있다. 1877년 세워진 파견 관리의 불망비별장(別將)을 지낸 가선대부(嘉善大夫) 국문영(鞠文榮)의 비를 지나 숲길로 들어가면 갈림길이 나온다. 왼쪽으로 가면 보국사 터가 있고 오른쪽으로 오르면 북문이 나온다.

금성산성은 아주 견고하게 지어진 아름다운 석성(石城)이다. 아무런 생각 없이 성벽을 따라 걷다보면 자연스레 이 성을 쌓은 사람들을 생각하게 된다. 가파른 지형에 셀 수 없는 작은 돌로 쌓아 만드는 과정은 백성들의 노동력 없이는 불가능했다. 성을 쌓는 일에 동원된 백성들에게는 다섯 가지 고통이 있었는데 모두 죽음으로 이르는 길이었다고 한다. 자기에게 분할된 구분을 다 쌓지 못하면 집으로 돌아갈 수 없었고, 배가 고파서 죽고, 병들어서 죽고, 돌에 깔려 죽고, 한여름 무더위에 죽고, 한겨울 추위에 얼어 죽었다고 한다. 그렇게 백성들이 죽음으로 쌓은 금성산성은 다행히도 다른 산성에서는 전쟁이 터지면 규모가 작아 군사와 양반들만 보호한 것에 비해 금성산성은 약 7천 명이 머물수 있는 규모로 지어져 평민들도 함께 난을 피했다고 한다.

참고자료 :《금성산성–지표조사보고》, 전남대학교박물관, 1989

드라마 〈선덕여왕〉 촬영지

2009년에 방송되었던 MBC 드라마 〈선덕여왕〉은 담양군 금성산성에서 촬영되었다. 깎아지른 절벽 위에 성곽을 쌓아 난공불락의 요새를 이루고 있는 금성산성의 충용문과 보국문 사이에서 이루어진 성곽 촬영 현장에는 주연을 맡은 탤런트 이요원과 고현정, 신구 등이 참여했다. 당시 촬영 현장에는 출연진 이외에 스텝 등 200여 명이 총동원되었다. 촬영 현장은 차량이 진입할 수 없는 도로 사정과 전기 시설이 없어 스텝들이 촬영 장비와 세트를 운반하는데 애를 먹었지만 성곽과 주변에 현대적인 시설물이 전혀 없어 고풍스러운 장면을 고스란히 영상으로 담을 수 있었다고 한다.

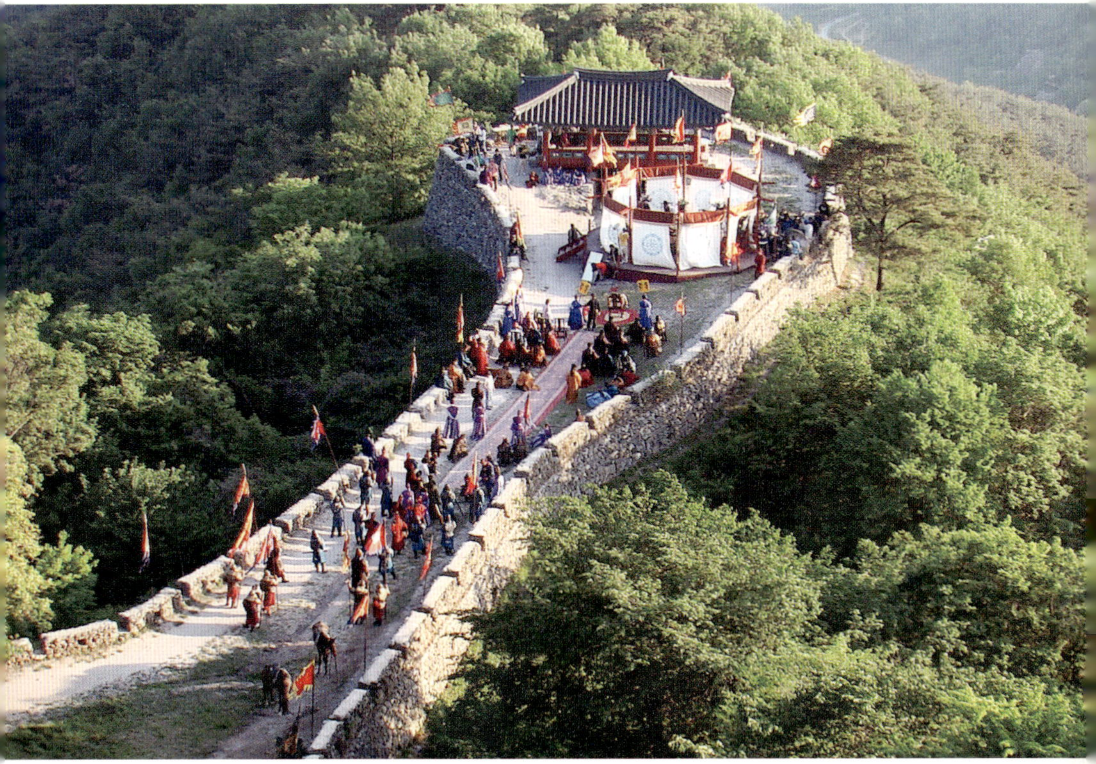

금성산성 산행

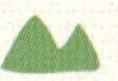

주차장 → 보국문 · 충용문(2km) → 동문(1km) → 북문 (1.6km) → 서문 (0.6km) → 철마봉 (1.2km) → 남문(1.4km) 총 5시간 소요

주소 전라남도 담양군 금성면 금성산성1길 10

홈페이지 http://tour.damyang.go.kr

교통 담양버스터미널에서 10-1번 버스를 타고 담양온천 정류장 하차(약 30분 소요).

담양호·용마루길

담양호는 영산강(榮山江) 최상류인 전라남도 담양군 용면(龍面)에 위치해 있다. 영산강 유역 개발 1단계 사업의 일환으로 1972년 착공하여 만 4년 만인 1976년 9월 장성호(長城湖)·광주호(光州湖)·나주호(羅州湖) 등과 함께 담양호(潭陽湖)가 준공되었다. 코어형 필댐(fill dam)인 담양댐이 건설되면서 만들어진 담양호는 제방 높이 46m, 길이 316m, 만수 면적 405ha에 저수량 6,670만 톤이 담양 평야를 적셔주는 거대한 인공 호수이다. 농업 용수원으로 연간 1만여 톤의 미곡 증산과 가뭄과 수해를 방지하는 데 큰 몫을 하고 있으며 댐 하류 담양읍 일원에 일당 3,000m³의 상수도 용수 공급에 기여하고 있다.

담양호를 하늘에서 내려다보면 물의 모양이 마치 세상에서 가장 큰 용 한 마리가 꿈틀거리는 듯하다. 담양호의 물이 영산강 발원지인 가마골 용소(龍沼)에서부터

흘러 내려온 물이고 용면(龍面)에 위치해 있어 용의 모습이 우연하게 생겨난 것이 아닌 셈이다. 가마골에서 하늘까지 다 오르지 못하고 떨어져 죽었던 황룡이 담양 호에 다시 살아 돌아온 듯하다.

영산강 발원지인 가마골에서 흘러내린 물이 모여들어 담양호를 이루는데 맑고 시 원한 물에는 빙어, 메기, 가물치, 잉어, 향어 등이 많이 서식하고 있다. 특별히 12월 부터 4월에 찾아오는 겨울 손님 빙어는 입맛을 되살려주는 별미로 손꼽힌다. 튀김 으로 먹거나 고추장에 찍어 먹는데 미식가들에게는 그 어느 것과 비교할 수 없는 수박향 맛의 빙어로 유명하다.

담양의 새로운 명소로 많은 사람들의 사랑을 한껏 받고 있는 곳은 담양호를 즐기 며 걷는 용마루길이다. 행정안전부와 문화체육관광부의 공모 사업에 선정되어 전 액 국고로 조성된 길로 2012년에 착공해 2015년에 마무리되었다. 용마루길은 담 양호의 수려한 전경과 함께 추월산, 금성산성 등 주변 경관을 함께 느낄 수 있는 수 변 산책 코스이다. 총 구간 거리 3.9km로 누구나 쉽게 걸을 수 있는 나무테크 산책 길 2.2km와 걷는 재미가 쏠쏠한 흙길 1.7km로 이루어져 있다. 총 소요 시간은 왕 복 약 2시간이며 걷는 코스는 목교-전망대-연리지-옛마을터-삼거리이다.

구름 호수를 따라 걷는 용마루길

담양호를 감상하려면 추월산을 찾아가면 된다. 직접 운전을 하고 왔다면 추월산 주차장에 차를 주차하고 출발한다. 별도의 주차비를 받지 않아 여행 시간에 구애 받지 않아도 된다. 주차장에서 추월산을 뒤로하고 나와 과녁바위산 방향으로 연결 된 100여m 쯤 되는 나무다리에서부터 용마루길이 시작된다. 목교는 짧지만 높이 가 높아 발아래 담양호 물길을 내려다보면 어지럼증이 날 정도의 아찔함이 있다. 다리를 건널 때 조금만 천천히 걸어보자. 다리 위에 서있으면 마치 담양호의 시원 한 물길 위에 서있는 듯하다.

이제 사방을 둘러보자. 추월산, 금성산성까지 담양호를 둘러싼 절경이 세상의 중심 에 내가 서있는 듯하다. 시작점에 있는 목교는 다음 풍경을 기대하며 대부분 무심

하게 지나친다. 때문에 지나간 사람들 중에 아름다운 풍경화 속에 자신이 들어와 있는지 아는 사람은 많지 않다. 경주하듯 빠르게 걷기만 한다면 담양호 역시 특별할 것 없는 곳이다. 인생 살이도 그렇지 않을까? 힘껏 달리기만 한 하루는 놓친 것들이 또 얼마나 많을까. 100m 남짓한 짧은 거리의 목교를 건널 때 운이 좋다면 맞은편에서 힘차게 쏟아져내리는 폭포를 만날 수 있다. 농어촌공사에서 설치한 인공폭포로 언제 가동되는지 알 수 없기 때문에 운이 좋다면 시원한 폭포를 감상할 수 있고 만약 볼 수 없다면 다음을 기약해야 한다.

목교를 벗어나면 바로 전망대가 있다. 이곳에서는 맞은편에 있는 추월산이 한눈에 들어온다. 추월산 산행을 할 때는 산의 전체를 볼 수 없고 이렇게 거리가 뚝 떨어진 곳에서 봐야 비로소 전체를 제대로 볼 수 있다.

전망대를 지나 나무테크를 따라 걸으면 이제부터 본격적으로 담양호의 멋을 느낄 수 있는 트레킹이 시작된다. 오른편으로는 호수가 펼쳐져 시야가 시원하고 왼편으로는 울창한 나무들이 태양볕을 가려주는 고마운 길을 걸으며 상쾌함을 만끽할 수 있다. 이른 새벽에는 물안개가 호수 위에 내려앉아 마치 구름 호수를 걷는 듯 신기한 경험을 할 수 있다. 길은 흙길과 나무테크 길이 번갈아 이어진다. 길의 시작점에서부터 50여 분을 걸어가다보면 대나무 밭이 나오고 용마루길의 끝 지점인 옛마을 터에 다다른다. 담양호의 물길을 따라 걷는 용마루길은 길이 잘 정비되어 있어 누구나 쉽게 걸을 수 있는 편안한 길이다.

감탄사가 절로 나오는 자전거여행

담양군에서는 저탄소 녹색 성장 사회 구현과 자전거 이용 활성화 분위기 확산을 위해 '담양 대나무배 전국 MTB 도로 대회'를 해마다 개최하고 있다. 코스는 담양 홍수 조절지 바람의 언덕 자전거길에서 출발해, 메타세쿼이아길을 거쳐 담양호를 끼고 추월산 앞을 지나 가마골생태공원까지 총 32.1km 구간의 환상적인 자전거길이다. 자전거 대회에 참가하면 대나무의 고장 담양의 절경을 바라볼 수 있다. 대회 기간이 아니더라도 언제든 자전거를 타고 담양호를 끼고 추월산에서 가마골생태공원을 지나는 구간을 달리면 감탄이 절로 나온다.

주소 전라남도 담양군 용면 추월산로 981

전화 061-380-3063

홈페이지 http://tour.damyang.go.kr

대중교통 광주, 담양에서 10분마다 출발하는 순창, 금성 방면 버스를 타고 금성면 소재지에서 하차 후, 택시 이용.

광주 → 담양댐 간 직행버스 이용(50분 간격으로 출발, 50분 소요)

담양 → 금성 간 군내버스 이용(60분 간격으로 출발, 20분 소요)

가마골생태공원과 용추산
신선들의 놀이터처럼 신비함이 가득한 곳

가마골생태공원은 해발 523m의 용추산을 중심으로 사방 4km 안의 용면 용연리 지역을 말한다. 영산강의 시원인 용소(龍沼)가 있고 제1폭포, 제2폭포와 깊은 계곡이 있으며 다른 숲과는 사뭇 다른 원시림의 운치가 있어 한 번 온 사람들은 다시 즐겨 찾아오는 명소이다. 가마골의 지명은 이곳 계곡을 따라 그릇을 굽는 가마터가 많다고 해서 '가마곡'이라 부르다가 세월이 흐르면서 '가마골'로 불렀다고 한다. 1998년 임도 공사를 하다가 용추사 주변에서 옛 도공의 애환이 서

린 가마터를 발견해 지명의 유래가 사실임이 최근 들어 밝혀지게 되었다.

가마골생태공원에 도착해 매표소에서 입장료를 내고 안으로 들어서면 제일 먼저 반겨주는 것은 나무로 조각해 만든 용이다. 용이 승천하는 형상의 용소가 있음을 암시해주는 조각물은 이곳이 사람들에게 얼마나 신성시되어 왔는지 짐작하게 해준다. 매표소를 지나 숲길을 따라 걸어 들어가면 용소 폭포를 만난다. 4단 폭포가 바위와 부딪치면서 흘러내리는 물의 모습은 마치 용이 승천하기 위해 꿈틀거리는 형상처럼 보인다. 울창한 숲이 원시림을 연상케 하는 풍경에서 만나는 폭포는 신비함을 준다. 그래서 도시의 번잡함을 피해 한적함을 즐기려는 여행자들에게 가장 사랑 받는 곳이 가마골이다.

가마골 등산로는 3가지 코스가 있는데 가마골 최고봉인 치재산(591m)에 오르면 추월산 너머로 담양읍까지 조망할 수 있다. 상황과 형편에 따라 선택하면 된다. 누구나 쉽게 반나절이면 돌아볼 수 있는 제2코스(용소 – 시원정 – 출렁다리 – 사령관터 동굴 – 용소 – 관리사무소 주차장)를 추천한다. 첫 코스는 황룡이 살아 있다는 용소이다. 전라남도의 젖줄이라 불리는 영상강은 바로 이곳에 있는 용소에서 시작한다.

가마골 용추산 등산로 

▶ 제1등산로 (거리 2.5km, 소요 시간 2시간)
용소 → 시원정 → 신선봉 → 임도 → 용추사 → 용연1, 2폭포 → 관리사무소 → 주차장

▶ 제2등산로 (거리 2.5km, 소요 시간 2시간)
용소 → 시원정 → 출렁다리 → 사령관터 동굴(계곡) → 용소 → 관리사무소 → 주차장

▶ 제3등산로 (거리 3km, 소요시간 2시간)
신선대 → 쉬어바위 → 치재산 → 정광사 → 임도(신선봉)

승천하지 못한 황룡의 전설, 가마골 용소(龍沼)

용소에서 시작된 영상강은 136km를 흐르며 호남 평야를 비옥하게 만들어 호남 사람들을 키워냈다고 한다. 기암괴석을 타고 폭포 아래 웅덩이를 이룬 용소의 풍경은 '선녀와 나무꾼' 동화 속의 한 장면에 들어 온 듯, 밤이면 선녀가 목욕하러 하늘에서 내려오고 바위 뒤에서 숨어 선녀를 보는 나무꾼을 상상하게 되는 그런 곳이기도 하다.

여러 가지 생각 속으로 빠져들게 하는 신비한 용소에는 오래전부터 내려오는 용의 전설이 있다. 옛날 옛날에 담양 고을로 부사가 새로 부임을 해서 왔는데 가마골 풍경이 너무 아름다워 이곳 경치를 즐기고자 관속들에게 다음날 행차를 준비하라고 예고령을 내리고 잠을 잤다. 꿈에 백발선인이 나타나 내일은 자신이 승천하는 날이니 가마골에 오지 말라고 부탁하고 사라졌다. 그러나 부사는 이 말을 무시하고 이튿날 가마골로 행차를 했는데 도착해보니 갑자기 못의 물이 소용돌이치더니 황룡이 하늘로 솟아올랐다. 그러나 그 황룡은 하늘까지 다 오르지 못하고 떨어져 피를 토하고 죽었다. 이를 본 부사도 기절했고 회생하지 못한 채 죽었다. 그 뒤 사람들은 용이 솟은 이 못을 '용소'라고 하고 용이 피를 토하고 죽은 계곡을 '피잿골'이라고 불렀다고 한다.

계곡을 따라 흘러내려 온 물이 바위로 된 물길을 통과하는 동안 암반을 깎아내어 마치 용이 꿈틀거리며 지나간 듯한 자국을 남겼다. 물길은 어느 부분에서는 강한 암반에 걸려 뚫지 못하자 공중으로 솟구쳐 올라 암반 밑에 쏟아져내리며 시퍼런 용소를 이루었다. 이러한 모습은 용에 관한 전설을 만들고 기록을 남기고 있다. 《동국여지승람》〈담양도호부〉편을 살펴보면 이곳이 용과 매우 밀접한 지역이었음을 확인할 수 있다.

"추월산 동쪽에 두 개의 석담이 있다. 아래에 큰 바위가 있고 바위 구멍으로부터 물이 흘러나와 공중에 뿌리고 이 물이 쏟아져 큰 못을 이루었다. 전하는 이야기에 바위 구멍은 용이 뚫은 것이라 하는데 마치 용이 지나간 자취처럼 암면이 구불구불 패여 있다. 옛적에 전라도 안겸사가 이곳을 찾아와 용의 모습을 보고자 청하자 용이 머리를 내밀었다. 안겸사와 그를 따라왔던 기관이 용의 눈빛에 놀라 죽어 용소 아래에 안겸사와 기관이 묻힌 그 무덤이 있다."

소설 《남부군》의 현장, 북한군 사령관터

용소에서 신비로움을 만끽하고 발길을 돌리면, 기암절벽 위에 서있는 시원정으로 이어진다. 그 옆으로는 아슬아슬한 모습의 출렁다리가 있다. 영산강의 시원인 용소를 위에서 내려다보는 위치에 있어 출렁다리를 구름다리라고도 한다. 가까이에서 느끼는 용소와 위에서 내려다보는 용소는 같은 장소 다른 느낌이다.

다리를 건너면 소설 《남부군》의 현장인 사령관터가 나온다. 1950년 이전의 가마골은 숲이 너무 우거져 사람이 들어갈 수 없어 신선이 사는 곳이라고 했다. 또한 낮은 산이지만 산세가 험하고 좁은 협곡으로 이루어져 이곳에 사람이 숨어 들어가면 찾을 수 없어 이런 지리적 여건은 민족상쟁의 아픔을 겪었던 흔적으로 사령관

터를 남겼다. 한국 전쟁 당시 피난민 3천여 명과 북한군 유격대 노령병단(사령관 金炳億) 소속 빨치산 1천여 명의 패잔병들이 가마골 숲에 숨어 들어와 노령지구 사령부를 세우고 육군과 끈질긴 저항을 펼치다가 1955년 3월 완전히 섬멸되었다. 대격전을 치루는 5년 동안 숲은 베어지고 불탔으며 북한군은 물론 남한 군인들도 수많은 목숨을 잃게 되어 당시 가마골은 피의 계곡으로 불리었다.

죽고 죽이는 민족 상쟁의 비극을 말없이 지켜보아야 했던 가마골은 그때의 상처 때문인지 낮은 산이지만 깊은 산을 걷는 듯하다. 지금은 관광지인 가마골생태공원으로 개발되어 소설《남부군》에서 서술하고 있는 빨치산 활동의 흔적은 찾아보기 어렵다. 그러나 가끔 무기 제조에 쓰인 야철, 화덕, 탄피 등이 발견되고 있다. 당시 북한군 사령관터는 등산로를 따라가면 쉽게 찾을 수 있다.

주소 전라남도 담양군 용면 용소길 261
전화 061-380-2794~8
요금 성인 2,000원, 청소년 1,000원, 어린이 700원

동양적 판타지 소설 《전우치》

《전우치전》은 고전 소설이다. 《홍길동전》과는 다르게 실존 인물 전우치의 행적을 소설화했다. 현재 《전우치전》은 필사본, 경판본, 활자본 등 다양한 판본이 남아 있다. 전체적인 내용을 살펴보면 도술을 부리는 전우치의 행적은 매우 허황된 스토리라고 할 수도 있지만 전우치 소설이 왜 16세기에 탄생했는지 그 시대적 배경을 살펴보면 고통스러운 민중들의 삶 속에서 한 줄기 희망과도 같은 염원이 담겨 있음을 알 수 있다.

오늘날은 판타지 소설이 전성 시대이다. 상상을 동원해 현실과는 다른 무엇을 만들어내는 것을 '판타지'라고 철학자 이정우는 정의하고 있다. 그렇다면 전우치는 16세기에 만들어진 동양적 판타지 소설이다.

오늘을 살고 있는 사람들 역시 왜 황당한 스토리인 판타지 소설에 열광하는 것일까? 현실에서 도피하고 싶은 대중들의 심리와 그 심리를 파고들어 이익을 남기려는 자본주의의 결과물이 판타지이기 때문이다. 현대인들은 사회에 대한 분노를 판타지 소설 속에서 '힐링'하고 있음에 주목할 필요가 있다. 판타지 소설의 가장 큰 특징은 '영웅의 탄생'이다. 이 시대에서 자신을 구원해줄 영웅을 기다리고 있는 것이다.

16세기 백성들 역시 가난한 백성들의 편에선 전우치가 도술이라는 무기로 기존의 권력에 맞서는 장면을 통해 자신들을 구제해줄 영웅을 만난 듯 가슴 벅찬 마음으로 소설을 읽고 또 읽었던 것이다. 이것은 일상에서 한없이 나약하기만 한 인간의 억압된 욕망을 대체하는 수단이었던 것이다. 《전우치전》이나 오늘날의 판타지 소설이 분노를 덜어내는 힐링 작용을 하고 있다고는 하지만 이 소설들이 문제의 근본적 해결책을 주고 있지는 않다. 그저 잠시 위안이 되는 정도일 뿐이라는 점이 애석하다.

전우치는 실존 인물이었다

《전우치전(田愚治傳)》은 실존 인물인 담양 전씨(潭陽全氏)인 전우치(田禹治)의 행적을 입에서 입으로 전해오다가 소설화 한 것으로 전라남도 담양군 수북면 황금리에 그에 관한 설화가 남아 있다. 기록을 살펴보면 추성지 《고지산면(古之山面)》 인물조에 '전우치는 원율(原栗) 사람이다. 기이한 도술을 부리므로 사람들이 이름하여 우객이라 하였다'라고 담양 지역의 옛 지명 원율 출신으로 기록되어 있다. 또한 전우치의 행적이 동시대의 여러 문헌 자료에서 구체적으로 언급되어 있어 《홍길동전》과는 달리 전우치는 실존 인물이었음을 알 수 있다. 이덕무(1739~1793)는 그의 저서 《청장관전서》 중 〈한죽당필기〉에서 전우치에 대해 소개하고 있다.

원율 : 전라남도 담양 지역의 옛 지명. 본래 백제의 율지현(栗支縣)이었는데, 757년(경덕왕 16년) 율원(栗原)으로 고쳐 추성군(秋成郡, 지금의 담양군)의 영현이 되었다. 940년(태조 23년) 원율(原栗)로 고쳤고, 1018년(현종 9년) 나주의 속현으로 삼았다. 공양왕 때에는 담양감무가 원율현까지 다스리게 되면서 폐현되었다. 이유는 술사가 많이 출현하여 폐현되었다고 한다. 지금의 담양군 용면과 금성면 지역으로 추정된다.

이덕무 : 박제가. 유득공. 이서구 등과 함께 〈건연집〉이라는 시집을 낸 영. 정조 시대의 유명한 실학자.

전우치는 담양 사람이다. 어릴 때 암자에 들어가 공부를 하였는데, 하루는 절의 스님이 술을 빚어놓고 우치에게 잘 보아달라고 부탁하고 산을 내려갔다. 그런데 스님이 돌아와보니 술은 간데없고 찌꺼기만 남아 있어 스님이 책망하니 우치는 아무 말도 못하고 있다가 술을 다시 빚어주면 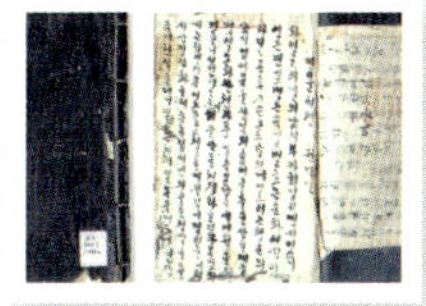 진짜 도둑을 잡아내겠다고 하였다. 스님은 반신반의하면서 그의 말대로 다시 술을 빚어주었다.

전우치가 술을 지키고 있노라니 갑자기 흰 기운이 무지개같이 창문으로 들어와 술 항아리에 잠시 머물더니 술 냄새가 진동하는 것이 아닌가? 흰 기운이 시작되는 곳을 찾으니 앞산 바위굴 속이었다. 그런데 그 굴 속에 흰 여우 한 마리가 술에 잔뜩 취하여 자고 있었다. 우치는 밧줄로 여우의 다리를 묶어 등에 메고 와 암자의 들보에 메달아놓고 아무 일도 없었던 것처럼 천연덕스럽게 글을 읽고 있었다.

한참 있으니 여우가 술에서 깨어나 사람의 말로 "나를 놓아주면 그 은혜를 꼭 후히 갚겠습니다."라고 애원하는 것이었다. 우치가 "도망가려는 수작 마라. 네가 무엇으로 은혜를 갚겠느냐? 차라리 죽여버리는 것이 속 시원하겠다." 하니, 여우가 "저에게 환술을 부릴 수 있는 비결책이 있는데 굴 속에 감추었으니 그것을 드리겠습니다. 나를 묶어 둔 채 줄의 끝을 잡고 굴속으로 들여보내면 그 책을 찾아오겠습니다. 만약 굴속에서 나오지 않으면 줄을 잡아당겨 그때 죽여도 늦지 않겠습니까."라고 더욱 애원하였다.

우치가 그것도 괜찮겠다고 여기고 여우의 말대로 하였더니 과연 여우가 책을 가져다 주었다. 약속대로 여우를 풀어주고 책을 살펴보니 도술에 관한 비결서였다. 이해하기 쉽게 하기 위해 경면주사로 점을 찍어가며 수십 가지로 보았는데 어느 날 전우치의 본댁 노비가 머리를 풀고 통곡하며 찾아와 그의 부친이 돌아가셨다는 소식을 전하였다. 우치가 놀라 책을 방바닥에 버려둔 채 문 밖으로 뛰어나가보니 갑자기 노비가 간 곳이 없었다. 그제서야 여우에게 속은 것을 알고 방으로 들어가보니 여우가 이미 주사로 점을 찍은 부분만 남겨두고 나머지는 모조리 베어가버린 후였다.

《지봉유설(芝峰類說)》이나 《대동기문(大東奇聞)》 같은 조선시대의 각종 기록에도 전우치가 "환술(幻術, 변신술, 둔갑술)과 기예(技藝)에 능하고 귀신을 잘 부렸다"거나 "밥을 내뿜어 흰나비를 만들고 하늘에서 천도(天桃)를 따 왔다", "옥에 갇혀 죽은 후 친척들이 이장(移葬)하려고 무덤을 파니 시체는 없고 빈 관만 남아 있었다."는 등 그에 관한 신비한 행적이 공통적으로 나타나 있다. 《어우야담(於于野談)》의 기록에서는 전우치의 행적을 자세히 기록으로 남기고 있다.

전우치는 송도의 술사(術士)로 기억하지 못하는 책이 없었다. 가업(家業)을 일삼지 않고 산수간에 마음껏 노닐며 둔갑술과 몰귀술(沒鬼術, 귀신이 되는 술법)을 얻었다. …

이때 박광우가 재령 군수가 되었는데 전우치가 여러 책에 박식한 것을 사랑하여 아주 친하게 지냈다. 하루는 관아 동헌에 마주 앉아 있는데 박광우에게 편지와 공문이 전해졌다. 이것은 감사가 보낸 비밀한 일이었다. 박광우는 그것을 뜯어보고는 얼굴색이 변하여 급히 자리 밑으로 감추었다. 편지의 내용은 조정에서 전우치의 요술을 무척 시기하여 기필코 우치를 잡아 죽이려 한다는 것이었다. 전우치가 무슨 일인지 계속 묻자 박광우는 그 내용을 이야기하고 전우치에게 달아날 것을 청하였다. 전우치는 웃으며 "내 알아서 마땅히 처리하겠소"라고 한 후 그날 밤 목을 매어 자결하였다. 박광우는 전우치의 장례를 후하게 치러 주었는데, 2년 후 전우치가 찾아와 자신의 지팡이를 찾아갔다. 지금도 재령군에는 전우치의 묘가 있다.

전우치가 일찍이 벗의 집에 모여 술을 마시는데 좌중 사람들이 말하였다. "자네는 천도를 얻을 수 있는가?" 하니, 전우치가 "무엇이 어렵겠는가. 가는 밧줄 백 가닥만 가져오게" 하고 밧줄을 공중에 던지고 아래에 있는 동자에게 밧줄을 타고 올라가라고 명하면서 "밧줄이 다하는 곳에 벽도(碧桃, 전설상의 복숭아)가 무척 많이 열렸을 것이니 따서 던지거라."라고 말하였다. 아래에서 보고 있던 사람들이 몰려나와 벽도를 주워 먹었는데 그 맛이 인간 세상에 있는 바가 아니었다.

《어우야담(於于野談)》의 기록에 나오는 박광우(朴光佑, 1495~1545)는 전우치와 친하게 지냈던 실존 인물로 중종 1536년에 재령 군수를 역임하였다. 위의 내용에서 보듯이 조정에서 전우치를 죽이라는 공문을 보낸 것을 보면 전우치가 실제로 도술을 부려 당시 매우 위험한 인물로 인식되고 있었음을 알 수 있다.

《전우치전》과 조선시대 사화(士禍)

전우치가 살았던 16세기에는 사화가 50여 년에 걸쳐 전개되면서 인재들은 정치에 실망해 지방에 은거하는 처사의 길을 선택했다. 그들은 좌절된 자신의 이상을 피안의 세계에서 찾으려 하면서 도가사상에 심취하게 된다. 홍만종(洪萬宗, 1643~1725)의 《해동이적(海東異蹟)》에는 도술적인 능력을 가진 인물이 38명이나 소개되고 있다. 따라서 《전우치전》이 탄생하게 된 시대적 배경은 조선시대 사화라고 할 수 있다.

> 《해동이적》 : 홍만종이 지은 문학 평론집으로, 문학 평론을 비롯해 우리나라의 역사, 유 · 불 · 선에 관한 일화 등 다양한 내용을 담고 있다. 서울대학교 규장각 소장.

사화(士禍)는 '사림(士林)의 화(禍)'를 줄인 말로 사림들이 훈구파에 의해 크게 화를 당한 사건을 말한다. 15세기 말, 성종은 왕권을 위협하는 훈구 세력을 견제하기 위해 새로운 정치 세력 사림을 등용했다. 훈구파(勳舊派)의 훈은 '공로 훈(勳)' 자로 조선 창업에 앞장섰던 혁명파 사대부의 후예들이었고 사림파(士林派)는 당시 영남 지방에서 은둔하여 성리학을 공부하던 세력이다. 사림파들은 주로 훈구파의 독주를 비판할 수 있는 언관직에 진출하여 훈구파의 전횡을 비판했다.

사림을 옹호하던 성종이 죽고 연산군이 즉위하자, 훈구 세력은 눈엣가시 같은 사림을 제거하기 위해 무오사화(1498)를 일으켜 사림 30여 명을 죽이거나 귀양을 보냈다. 두 번째 사화는 연산군 10년(1504)에 일어난 갑자사화로 성종 때 윤씨를 폐비시키는 데 앞장섰던 사림 세력들이 큰 화를 입었다. 그 뒤에도 기묘사화(1519), 을사사화(1545)가 이어지면서 사림의 능력 있는 학자들이 정치적으로 탄압을 받고 처형되거나 귀양길에 올랐다.

사화로 인해 많은 인재들이 향촌에 숨어 살면서 신선의 술법이나 신비한 도술에 큰 매력을 가지게 된다. 특히 화담 서경덕은 도가에 심취한 인물로 도술이 상당했다고 전해오는데 《전우치전》 후반부에 서경덕 형제와 도술을 겨루다가 굴복한 후 함께 산중에 들어가 도를 닦으며 만년을 보냈다는 것으로 이야기는 끝을 맺고 있어 전우치가 서경덕의 영향을 받았음을 확인할 수 있다. 도술이라는 무기로 기존의 권력과 맞서 싸우고 황금 들보를 팔아 가난한 백성들에게 골고루 나눠주는 소설 《전우치전》은 가난한 백성들의 꿈이 전우치를 소설 속 주인공으로 다시 태어나게 했음을 알 수 있다.

영화로 드라마로 다시 태어나는 전우치

《전우치전》의 스토리는 매우 흥미진진해 오늘날에도 영화와 드라마 등으로 재조명되어 관심을 끌고 있다. 영화 〈전우치(2009)〉는 500년 전 조선시대의 전우치가 그림 속에 봉인되었다가 현대에 봉인이 풀려 벌어지는 이야기로 전우치 역으로 강동원 주연, 화담 역으로 김윤석, 임수정, 유해진 등 호화 캐스팅으로 인기를 끌었다. 드라마 〈전우치(2012)〉는 KBS 2TV에서 차태현, 유이 주연으로 총 24부작이 방송되었다. 고전 소설 《전우치전》을 소재로 한 퓨전 무협 사극으로 율도국 도사 전우치가 악에 맞서 세상을 구한다는 스토리이다.

《전우치전》은 한국을 넘어 동양적 판타지 소설이다. 세계적인 문화 콘텐츠로 개발될 수 있는 가능성이 많은 만큼 다양한 매체로 다시 태어날 날을 기대해본다.

참고자료
《담양문화》 통권18호 p.123~p.126, 2009

삼인산

이성계의 개국의 꿈을 이루어준 산

삼인산(三人山)은 전라남도 담양군 대전면 행성리와 수북면 오정리 경계에 있는 산으로 높이 564m이다. 산 북쪽에는 삼인동(三人洞) 마을이 있다. 산의 형태가 '사람 인(人)' 자 3자를 겹쳐놓은 형상이라 '삼인산(三人山)'이라는 이름으로 불린다. 그 모습은 마치 고대 이집트의 거대한 피라미드를 연상케 한다. 담양 읍내에서 삼인산을 바라보면 가장 뚜렷하게 모양을 확인할 수 있다.

삼인산(三人山)은 몽선암(夢仙庵)으로도 부르는데 그 이유는 지금부터 1천 2백여 년 전 몽고(蒙古)가 고려를 침입했을 때 담양의 부녀자들이 이들의 행패를 피해 이

산으로 피신했다가 몽고군들에게 붙잡히게 되자, 절벽 아래로 떨어져 죽음으로 항쟁했다는 데 연유한다. 그 후 조선 태조 이성계가 등국(登國)임금의 자리에 오름을 위해 전국의 명산을 찾아 기도하던 중, 무등산까지 왔다가 무등산에서도 답을 흔쾌히 얻지 못하고 기도 중 잠에 들었다. 그때 꿈에 현인이 나타나 삼인산을 찾아가 기도를 올리면 개국의 꿈을 이룰 수 있다고 일러주자 이곳을 찾아 제를 올리고 기도한 후 왕이 되었다 하여 몽성산(夢聖山)이라 불렀다. 이성계의 성군이 되기 위한 기도를 들어 준 곳이 바로 삼인산인 것이다. 세월이 흘러 아들을 낳고자 하는 여인들의 기도처가 되면서 몽선산(夢仙山)으로도 불려왔다.

삼인산에서 바라본 병풍산은 여섯 폭의 바위 병풍을 펼쳐놓은 듯하다. 그 모습이

신비롭기만 한데 풍수지리설에 의하면 병풍산은 하늘(乾), 삼인산은 땅(坤)으로 즉 음양이 상합하고 있다고 한다. 따라서 삼인동 마을 일대는 만물시생지(萬物始生之地)로 호남 제일 명당이라고 한다. 삼인산은 만남재, 신선대(투구봉), 병풍산(屛風山, 822m)과 산길로 이어져 있으며 산 위에 서면 대방 저수지가 한눈에 들어온다. 산기슭에는 조선시대에 많은 유생들을 배출한 학당인 '수북학구당(水北學求堂, 전라남도문화재자료 제13호)'이 자리 잡고 있다.

담양읍 쪽에서 해가 질 무렵에 삼인산을 바라보면 자연스럽게 만들어진 신기한 피라미드를 뚜렷하게 만날 수 있다. 이곳 사람들은 예로부터 피라미드를 이룬 삼인산을 정성스레 섬겨왔으며 지금도 이곳에서 큰 인물이 나올 거라고 믿고 있다. 삼인산 정상으로 가려면 피라미드를 오르는 것과 같이 가파른 경사를 타야 한다. 삼인산에 도착하면 빼놓지 말고 챙겨 봐야 할 아름다운 대나무숲이 있다. 그곳은 드라마 〈대장금〉, 〈다모〉, CF 등에 등장한 우리나라 대나무 명장면의 단골 촬영지이다.

주소 전라남도 담양군 대전면 행성리 산10
전화 061-380-3223

삼인동 마을

삼인산 등산로

심방골 시내버스 종점 → 삼인산 정상(1시간) → 주차장 대방리 저수지 상류(1시간)
(총 소요 시간 : 2시간)

삼인산을 포함한 주변 산행 코스

대방리 버스 종점(1시간) → 삼인산(40분) → 만남재(30분) → 용구샘(30분) → 병풍산 정상
(1시간) → 쪽재(40분) → 연학원(30분) → 대방리 버스종점 (총 소요 시간 : 4시간 50분)

삼인산 설화 〈이태조와 몽불산〉

"시랑, 삼칠일이 다 되었는데도 아무런 영험이 없으니 필시 과인의 덕이 부족한가보오."

"마마, 황공하옵니다."

성군이 되기 위해 명산대찰을 찾아 간절히 기도하는 이태조의 모습에 시랑은 참으로 감격했다. 창업 이전의 그 용맹 속에 저토록 부드러운 자애가 어디에 숨어 있었을까.

"마마, 예부터 이곳 무등산에는 백팔 나한이 있고 대소암자가 있어 수많은 산신들이 나한에게 공양을 올렸다 하옵니다. 들리는 바로는 오랜 옛날 석가여래 부처님께서 이곳에서 설법을 하셨고, 그 후 제불보살이 설법을 한다 하옵니다. 다시 삼일 기도를 올리심이 어떠하올지요?"

"무학 스님 말에 의하면 무등이 보살이라더니, 이 무등산에 부처님의 사자좌가 있단 말인가. 시랑, 그대는 과연 생각이 깊소 그려. 과인은 산신제를 그만둘까 했는데, 곧 삼일 기도를 준비토록 하시오."

삼칠일 기도에 이어 다시 삼일 기도를 준비하는 태조는 새벽까지 한잠 자려고 자리에 들었다. 잠이 오질 않았다. 온갖 망상이 떠올랐다 사라지고, 창업 도중 희생된 고려 충신들이 눈앞에 어른거렸다. 그들은 태조를 향해 살인자, 반역자라고 저주했다. 태조는 이를 악물었다. 머리가 뒤숭숭하고 숨결이 가빠지자 가슴에서 노기가 치밀었다. 칼을 더듬어 집고 일어서며 '악' 하고 외치는 순간 태조는 악몽에서 깨었다.

"마마, 어찌된 연고입니까? 용안이 몹시 피로해보입니다."

"오! 시랑 거기 있었구려. 꿈을 꾸었소."

태조의 이마에는 땀이 비 오듯 흘렀다.

"시랑, 아무래도 과인의 덕이 부족한 모양이오."

"마마, 황공하오나 옥체가 허약하시기 때문인가 하옵니다. 마음을 편히 가지시고 좀 쉬시옵소서."

"시랑, 그러리다. 시랑이 나의 침상을 지켜 주오."

태조는 다시 자리에 누웠다. 몽롱한 미열 속에 구름을 탄 기분으로 그는 무등산 산정을 향해 가고 있었다. 밝은 빛이 사방에서 산정을 비추는데 태조는 그 빛에 이끌리듯 다가갔다. 이윽고 산정에 이르자 한 신령이 그를 기다리고 있었다.

"태조 대왕, 먼 길 오시느라 수고가 많았소."

"과인이 이곳에 온 것을 어찌 알았습니까?"

"오늘이 무등산에서 열리는 우란분재법회 마지막 날입니다. 대왕께서 삼칠일 기도를 올리는 동안 인근 보살과 나한의 신령들이 모두 여기 참석하느라 대왕의 기도처엔 가질 못했습니다. 그러던 차에 대왕이 비명을 질러 석가 부처님께서 지신을 보내 연유를 알아오도록 했지요. 지신이 대왕 처소로 가던 중 정몽주 등 고려 충신을 만나 사연을 듣고 왔습니다."

"정몽주가?"

"그렇습니다. 부처님께서는 대왕의 부덕함을 뉘우치는 겸손을 매우 기뻐하시며 맞아오도록 했습니다. 해서 제가 기다리고 있었지요."

"오, 석가 부처님께서요!"

태조는 감격어린 목소리로 외쳤다. 두 사람이 법회 장소에 이르자 석가 세존은 가부좌를 하고 설법 중이었다.

"대왕이시여, 어서 오십시오."

부처님은 태조대왕을 손짓해 부르며 맞았다.

"세존이시여, 먼 해동국까지 납시어 법회를 설하시는 자비에 감읍하옵니다."

"대왕이시여, 예부터 왕도는 치도이며 인도라고 했습니다. 중생을 어여삐 여기는 자비로써 왕도를 가야할 줄 압니다."

"세존이시여, 부디 그 길을 자세히 일러주십시오. 저의 조선조 창업이 그릇되지 않았다면 백성과 사직을 어떻게 다스려야 하겠나이까?"

이때 세존께서는 주장자를 높이 들었다.

"대왕이시여, 나의 주장자가 가리키는 곳을 보시오."

주장자는 검푸른 밤하늘을 가리켰다. 순간 주장자 끝에서 물이 넘쳐흘러 강을 이루고 강가에서 산봉우리가 치솟아 올랐다. 산은 세 갈래로 갈라져 흡사 솥발처럼 솟았다. 복판에는 주장자가 붓 모양으로 변해 하늘에 치솟고 세 개의 산봉우리가 허리에 강을 끼고 둘러섰다. 흐르는 강물소리는 아득한 말소리가 되어 "대왕이여, 그대의 치세가 만세에 이르고 그 치적을 나는 하늘에 적으리라"고 했다.

얼마나 시간이 흘렀을까. 주위를 살핀 태조는 놀랐다. 침상 가에서 시랑이 조심스럽게 태조를 지켜보고 있었다. 한동안 꿈속의 일을 생각하던 태조는 시랑을 불러 꿈 이야기를 했다.

"마마, 필시 기도의 영험인가 하옵니다."

"옳소. 어서 과인이 꿈에 본 산을 찾도록 하시오."

마침내 사람을 놓아 담양군 수북면 삼인산이 꿈속의 산과 흡사함을 발견했다. 삼일 기도가 끝난 일행은 곧 그 산으로 갔다.

"오! 과인이 꿈에 본 산과 흡사하구나. 앞으로는 이 산을 몽불산이라 부르도록 해라. 그리고 해마다 국태민안을 기원하는 기도처로 삼으라."

그 후 오랫동안 나라에서 올리는 산신제가 이곳에서 열렸다. 세월이 흐른 지금까지도 아들 낳기를 바라는 여인들의 기도처가 되고 있다. 산 이름은 몽선산으로 바뀌었다.

참고자료 : 《담양문화》 통권 18호 p.116〜p.118, 2009

추월산

가을밤 시심(詩心)을 흔드는 산

담양읍에서 북쪽으로 14km쯤 가면 전라남도 5대 명산인 추월산(秋月山)이 있다. 담양읍에서 해발 731m의 추월산을 바라보면 산의 모습이 마치 사람이 옆으로 비스듬히 누워 있는 모습을 하고 있다. 불교 신자가 불심(佛心)으로 바라보면 부처님이 누워 있는 형상이라 하고 기독교인이 바라보면 예수님이 누워 있다라고도 말한다. 추월산의 모습을 한참 보다보면 과연 이곳에 누워있는 분은 진짜 누구일까 궁금하기만 하다. 오래전부터 내려오는 전설이 있는데 추월산에 누워 있는 형상이 깨어 일어나면 나라를 위해 큰일을 할 영웅이 태어난다고 믿었다고 한다.

그래서 일본은 일제강점기 동안 추월산이 영원히 깨어나지 못하게 하기 위해 추월산 곳곳에 다섯 개의 쇠말뚝을 박아 혈맥을 막았다고 한다. 아직도 이 지역에서

278

는 그 쇠말뚝을 찾지 못해 추월산에 누워계신 분은 일어나지 못하고 영원히 잠들어 있다고 믿고 있다.

추월산은 각종 약초가 자생하고 있고 진귀종인 추월산난이 있어 예로부터 명산으로 불렸다. 그 가치를 인정받아 산 전체가 전라남도 기념물 제4호로 지정되었다. 봄이 한창일 때 추월산에 오면 상큼한 향기의 두릅을 맛볼 수 있고 진달래와 벚꽃이 흐드러져 산행의 멋을 돋운다. 하늘을 향해 힘껏 솟아 있는 나무가 터널을 이뤄내며 여행자들의 더위를 잊게 해주는 여름 산행도 추천할 만하다. 추월산은 산림이 잘 보존되어 있는 것이 무엇보다 큰 매력이기 때문이다. 그러나 산을 좋아하는 사람들은 이름에서부터 가을 느낌이 가득한 가을의 추월산을 가장 사랑한다. 추월산에 가을이 찾아오면 낮에는 단풍으로 불타는 산이 담양호에 비춰 그 흥을 돋우고 밤이면 능선을 따라 걷는 듯한 달이 사람들의 시심(詩心)을 흔든다. 가을 여행지 중 으뜸인 추월산은 줄을 이어 산을 오르는 인파들의 옷차림으로 붉은 산자락이 더욱 알록달록해진다.

깎아지른 절벽에 제비집이 얹힌 듯한 보리암

추월산이라는 이름은 가을밤 보름달이 봉우리에 걸려 기울어지지 않는다는 의미이다. 산을 올려다보면 가파르고 높은 산의 위용에 짐짓 주눅이 들 수 있다. 산세가 급하고 기암괴석이 많아 오르기 힘든 산처럼 보이기 때문이다. 그러나 막상 산에 오르다보면 포근한 느낌을 주는 산으로 초보자도 쉽게 오를 수 있는 높이이기 때문에 가족여행지로 더없는 휴식처가 되고 있다.

추월산은 제1등산로부터 제4등산로가 있어 자유롭게 선택할 수 있는데 일반적으로 제1등산로 방향으로 올라간다. 산 중턱에 다다르면 깎아지른 절벽에 제비집이 얹힌 듯 있는 암자 보리암(菩提庵, 문화재 자료 제19호)을 만날 수 있다. 고려시대 때 보조국사 지눌은 지리산 천왕봉에서 나무로 매 세 마리를 만들어 날려 절터를 잡았다고 한다. 매가 앉은 자리에는 호남의 대 사찰인 순천 송광사와 장성 백양사가 세워졌고 마지막으로 이곳 추월산에 새가 앉아 보리암을 지었다고 한다.

보리암

보리암이 규모는 작지만 얽힌 전설을 살펴보면 의미가 매우 큰 절임을 알 수 있다. 보리암을 지나 300m가량을 더 오르면 가뭄에도 절대 마르지 않는 약수터가 나온다. 시원한 물 한 모금을 마시고 30여 분을 더 오르면 비로소 정상 보리암봉(697m)에 다다른다. 정상에서 내려다보는 담양호 풍경은 담양호와 금성산성이 어우러져 탄성을 자아낸다. 이제 정상에서의 즐거움을 만끽했다면 돌아올 때는 북동릉을 타고 월계 마을을 거쳐 출발점으로 다시 돌아 내려온다. 내려올 때는 미끄러지지 않도록 주의해야 하는데 그 이유는 호수의 물안개 때문에 바위들이 젖어 있기 때문이다.

아픈 역사의 슬픔이 남아 있는 땅

지금의 추월산은 가을밤 달빛에 취하고 단풍에 물드는 풍경이 마냥 아름다운 한 폭의 풍경화이지만 과거에는 금성산성과 함께 아픈 역사를 겪었던 슬픔의 땅이었다. 임진왜란 때는 치열한 격전지였다. 보리암에는 당시 의병장 김덕령 장군의 부인이 왜군에게 쫓기다 순절한 터가 있고 그를 기리는 비문이 바위에 새겨져 있다. 동학혁명 때는 세상 바꾸기를 꿈꾸던 농민군들이 처절한 전투를 벌였던 곳이기도 했다. 마지막 1인까지 항거하며 산을 피로 물들였다고 한다. 6 · 25 전쟁 때는 빨치산이 숨어들어가 쫓기던 곳으로 굴곡 많은 역사의 현장이었다.

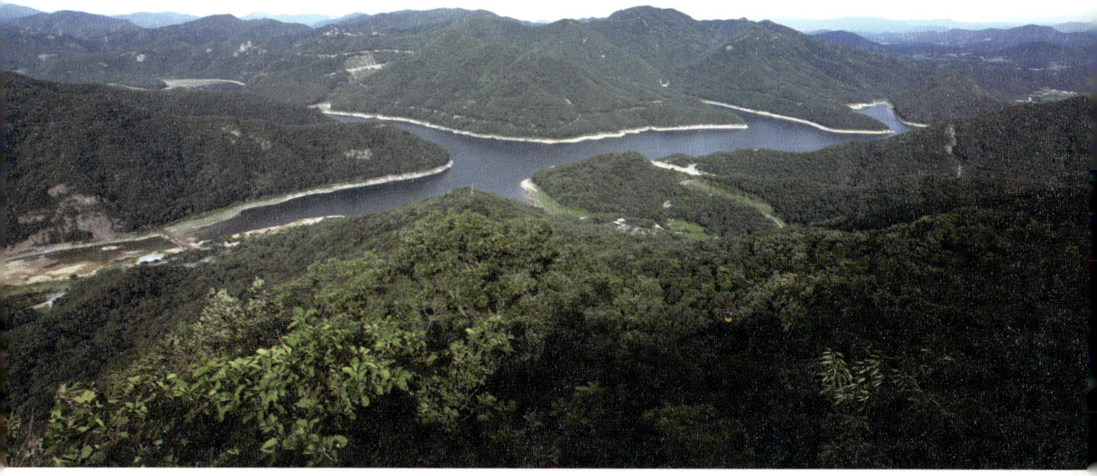

추월산에서 바라본 담양호

추월산 산행

주차장(매표소) → 보리암 중수비 앞 동굴(30분) → 보리암(30분) → 추월산 정상(20분)

2.5km, 총 1시간 20분

추월산 일출

주소 전라남도 담양군 용면 추월산로 981

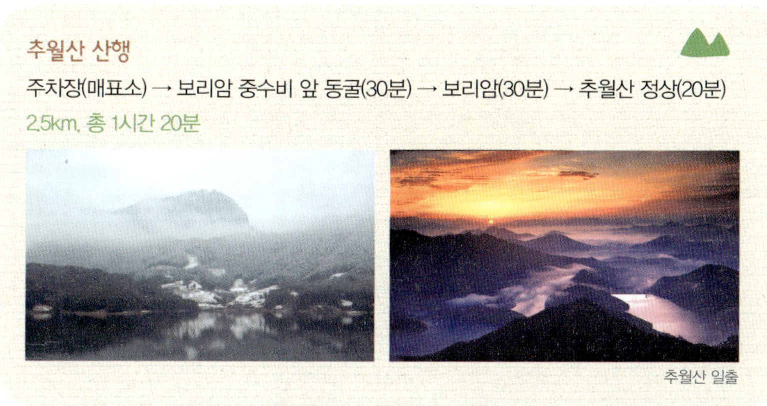

병풍산

병풍을 둘러놓은 듯 고르게 뻗은 산줄기

담양의 명산인 병풍산은 다른 이름으로 '용구산'이라고도 한다. 담양읍에서 서북쪽으로 약 8km 지점에 위치해 있는 산으로 담양군 대전면, 수북면, 월산면 장성군 북하면에 경계를 이루고 있다. 담양군 수북면 소재지에서 병풍산을 바라보면 오른쪽 투구봉에서 시작하여 우뚝 솟은 옥녀봉, 중봉, 천자봉을 거쳐 정상인 깃대봉과 신선대까지 고르게 뻗은 산줄기는 틀림없는 병풍의 모습이라 병풍산이라 불렸다고 한다.

병풍산 상봉 바로 아래에는 바위 밑에 굴이 있고, 그 안에 신기하게도 두 평 남짓한 깊은 샘이 있어 이 샘을 '용구샘'이라 하는데, 지금도 이곳에서 솟아오르는 깨끗한 생수가 등산객들의 귀중한 식수가 되고 있다. 정상에서의 조망은 북으로 내장산, 백암산, 입암산이 보이고 추월산, 담양읍내는 물론 지리산도 시야에 들어온다. 병풍산은 높이가 822.2m로 노령 산맥에 위치하고 있는 산중에 가장 높은 산이다. 또한 북동에서 남서쪽으로 길게 뻗은 병풍산은 등줄기 양옆으로 무수히 많은 작은 능선이 있는데 이 능선 사이에 일궈진 골짜기가 99개에 이르는데 이 중

"

한 개 골짜기만 빼고 나머지의 골짜기에는 항상 물이 흐르고 있다.

병풍산의 추천 산행은 저수지를 지나 야영장 뒤편의 계곡에서 시작된다. 먼저 동쪽 끝의 봉우리인 동봉에 오른 뒤 정상에 도착한다. 정상에 오르면 시원하게 펼쳐진 나주 평야가 한눈에 들어온다. 정상에서 서쪽으로 이어진 능선을 따라 내려가면 안부에 이른다. 안부에서 바로 용구샘을 지나 하산할 수도 있다. 종주하려면 안부에서 서쪽 능선을 따라 올라 서봉에 이른다. 서봉에서 다시 묵묘를 지나 내려오면 갈림길이 나온다. 오른쪽은 대치면 소재지로 가는 길이고, 왼쪽으로 가면 야영장으로 내려가는 길이다. 이 코스는 4시간 정도 소요된다.

야영장에서 용구샘을 지나 안부를 거친 다음 정상에 오르는 코스도 있다. 하산은 정상에서 동봉을 거쳐 야영장으로 내려온다. 이 코스는 3시간 정도 소요된다. 또 다른 코스로는 야영장에서 만남대와 신선대를 지나 용구샘에 이르고, 이어 정상에 도착한다. 정상에서 동쪽 능선을 타고 무명봉에 이르고, 이어 남동쪽 능선을 따라 내려와 대방 저수지로 하산하는 코스이다. 이 코스는 약 9km 거리로, 4시간 정도 소요된다.

주소 전라남도 담양군 대전면 평장리 142
전화 061-380-3223

만덕산

큰 덕을 베풀었다 하여 지어진 이름

만덕산(萬德山)은 해발 575m로 전라남도 담양군 대덕면 운암리, 문학리, 용대리에 걸쳐 우뚝 솟아 있다. 만덕산 아래에 있는 마을 이름은 산 안으로 위쪽에 있다고 해서 '상운(上雲) 마을'이라고 하며 만덕산 등허리를 구름이 감싸고 있다고 해서 '운암리'라고도 부른다. 이 마을은 6.25를 비롯한 수많은 전란을 겪으면서도 전쟁의 화를 입지 않았는데 마을 사람들은 그 이유가 만덕산이 큰 덕을 베풀었기 때문이라고 믿고 있다.

만덕산(萬德山)이라는 이름은 만인에게 덕을 베푸는 산이라는 뜻이다. 소나무, 참

만덕산 등산로

문재 → 무지등 → 할미봉 정상 → 신선바위 → 문단골 → 상운암리 → 대덕 소재지
3시간 30분 소요

나무가 어우러져 터널을 만들고 있는 만덕산에서 빠뜨리지 말고 들러야 할 곳은 신선바위, 물통구리 전망대, 할미바위, 고깔바위이다.

만덕산 정상에 오르면 할머니가 아이를 업고 있는 모습의 할미바위가 있어 만덕산 최고봉을 할미봉으로 부르고 있다. 정상에 서면 무등산, 불태산, 병풍산, 추월산, 백아산, 모후산이 펼쳐지고 담양 창평면이 한눈에 들어온다.

봄에는 각종 산나물, 여름에는 시원한 계곡과 녹음, 가을에는 단풍과 머루달래, 겨울에는 설경이 아름다운 산이다. 또한 방아재, 만덕산, 수양산, 국수봉, 유둔재로 이어지는 호남정맥 중간 지점(영취산에서 백운산까지 이어지는 462km 구간의 중간 지점 이정표가 세워져 있다.)으로 등산객들의 발길이 끊이지 않는다. 만덕산 아래 마을은 예로부터 만덕산에서 흐르는 석간수를 식수로 사용하여 병 없는 마을로 알려져 있다. 특히 산 중턱에 있는 천마폭포와 물통구리(물통거리)라 부르는 계곡물이 약효가 있다고 알려져 있다.

주소 전라남도 담양군 대덕면 문학리
전화 061-380-3223

월봉산
뾰족한 봉우리가 붓을 닮은 산

월봉산(月峰山)은 전라남도 담양군의 창평면 용수리와 대덕면 운암리
경계에 있는 산으로 해발 454m이다. 월봉(月峰)은 경사가 급한 봉우리를 일컫는
다. 문재 부근에서 보는 월봉산은 매우 뾰족해서 마치 붓과 같다는 의미로 '필봉(筆
峰)'이라고도 불린다. 월봉산에 오르는 코스로는 용운저수지, 상월정, 월봉산 삼거
리, 월봉산 정상에 이르는 1코스와 달뫼미술관, 정산, 월봉산삼거리로 가는 2코스
가 있다.

상월정까지는 길이 완만해서 차로도 진입할 수 있고 그 이후로 본격적인 등산 코

싸목싸목길

상월정

스가 시작된다. 정상에 올라서면 맞은편으로 호남정맥 만덕산이 보이고 북서쪽으로는 창평면이 한눈에 내려다보인다. 월봉산으로 가는 길 곳곳에는 싸목싸목길이라는 표지판과 함께 나무로 만든 동물 조각들이 길을 안내하고 있다. 싸목싸목은 '느리게 천천히'라는 뜻의 전라도 말로 나무꾼들이 다니던 길을 다시 트레킹길로 복원했다고 한다. 작은 열매를 찾아 먹는 동물들을 만나는 재미가 있는 길이다. 마치 숲속의 보물찾기와도 하듯 올라가면 월봉산의 큰 자랑인 상월정(上月亭)을 만난다.

1984년 2월 29일 전라남도 문화재 자료 제17호로 지정된 상월정은 정면 4칸, 측면 2칸의 규모로 팔작지붕에 한식 기와를 얹은 건물이다. 보존 상태는 매우 좋으며 깨끗이 잘 정돈되어 있다. 상월정은 창평지역에서 가장 처음 생긴 정자로 후에 김자수는 손자 사위인 성풍 이씨(成豊李氏) 덕봉(德峰) 이경(李儆)에게, 이경은 사위인 학봉(鶴峰) 고인후(高因厚)에게 양도하였다. 이곳은 원래 월봉산에 있는 대자암(大慈庵) 절터인데, 정자라기보다는 절의 느낌을 준다. 월봉(月峰)은 원래 급한 경사의 봉우리를 말하는데 창평 사람들은 학문에 큰 뜻을 둔 청년들이 머물렀던 상월정이 있는 월봉산이기에 '붓을 닮은 산(筆峰)'이라고 부른다.

주소 전라남도 담양군 대덕면 운암리

3. 불교문화 순례

❶ 용흥사(龍興寺)

담양군 월산면 용흥리 용구산에 위치한 용흥사(龍興寺)는 백제 침류왕 1년(384) 인도승 마라나 존자가 초암을 지어 창건한 이후 5차례에 걸쳐 중창과 복원을 했다고 전한다. 조선 숙종 때 숙빈(淑嬪) 최(崔)씨가 이 절에서 기도한 뒤 영조를 낳자 이후 절 이름을 몽성사(夢聖寺)에서 용흥사로 바꾸어 불렀다.

이때부터 50여 년간 절이 발전하여 한때 산 내 암자만도 7개나 있었고 큰스님도 머무르며 불법을 펴는 등 호남 제일의 가람이었다. 그러나 19세기 말에 의병의 본거지로 쓰이다가 불에 탔다. 이후 1930년대에 백양사 승려 정신(定信)이 대웅전과 요사채를 세웠으나 1950년 6.25 전쟁을 거치면서 사찰 내 모든 건물이 또다시 전소되었다. 이후 다시 대대적인 불사를 일으켜 건물로는 대웅전과 요사채 2동이 있으며 1988년 전통 사찰로 지정되면서 오늘에 이른다.

절 입구에는 팔각원당형 부도로 조성된 용흥사부도군(龍興寺浮屠群, 지방유형문화재 제139호)이 있으며 유물로는 조각 기법이 매우 뛰어난 용흥사 동종(龍興寺銅鍾, 지방유형문화재 제90호)이 보존되어 있다.

주소 전라남도 담양군 월산면 용흥사길 442

❷ 용화사(龍華寺)

용화사는 1934년 차학신 스님이 백양사 포교당으로 출발한 것이 효시이다. 어려운 여건상 민가에 사찰이 팔렸다가 묵담 스님이 담양군 담양읍 남산리 106번지에 사찰을 다시 창건해 사호(寺號)를 용화사로 하였다. 6.25 전쟁을 겪는 동안 본법당인 관음전은 반란군에 의해 불타 없어졌으나 부처님의 서적, 불상, 묵서 등은 땅속 항아리에 생명처럼 보관하여 다행히 유실을 막아 용화사에 모셔졌다.

용화사에서 빠뜨리지 말고 봐야 할 유물은 보물 제737호로 등록된 〈불조역대통재〉로 중국 원나라의 염상이 편술했다. 내용은 석가여래의 탄신으로부터 원나라 원통 2년(1334)까지의 역대 고승대덕들에 대한 전기를 편년체로 수록한 것으로 성종 3년(1472)에 김수온(1409~1481)이 옮겨 썼다. 그밖에 250년 전 연담 스님이 쓰신 불교 관련 논문집 100권이 보관되어 있으며 추사 김정희의 글씨, 조선 말기 황실에서 사용하던 장엄 장신구와 각종 패물 등 소중한 자료들이 다수 용화사에 소장되어 있다.

주소 전라남도 담양읍 남촌길 77

❸ 용추사(龍湫寺)

전라남도 담양군 용면 용연리 용추산 용추봉(龍楸峯)에 있는 절, 용추사(龍湫寺)
는 523년(백제 성왕 1년) 혜충(惠聰)과 혜증(惠證)이 함께 창건하였다. 이후 624
년(무왕 25년)에는 원광(圓光)이 원당(願堂)으로 삼아 중창하였다. 1592년(선조
25) 임진왜란 때 용추사 주지로 있던 태능(太能)이 승병을 모아 왜군과 싸웠다.
이때 금성산성(金城山城)에서 활약하던 김덕령(金德齡) 장군과 합세하여 싸우면
서 왜군이 용추사에 불을 질러 사찰 건물 모두를 불태워버렸다.

임진왜란 이후 1630년(인조 8)에 태능(太能)이 다시 지었다. 1905년 이후에는 최
익현(崔益鉉) 등 의병들이 모이던 호국사찰이었다. 그러나 1949년에 북한군들이
이 절을 점거하자 국군이 전략상 절을 소각했다. 그 뒤 1961년에 이르러 본래의
절터로부터 위쪽으로 300m가량 올라간 곳에 중건하였다. 현존 건물로는 인법당
(因法堂)과 요사채승려들이 거처하는 집만이 남아 있으며, 유물로는 전라남도 유형문화
재 제138호로 지정된 용추사부도군이 유명하다.

주소 전라남도 담양군 용면 용소길 268-190

❹ 보광사(普光寺)

전라남도 담양군 금성면 외추리 해발 350m의 황매산(黃梅山)에 있는 사찰이다. 1905년 거사(居士) 김기춘이 창건하여 수행처로 삼아 창건했다. 1942년 김기춘의 아들인 도광(導光)과 도천(道川)이 중창하고 선방(禪房)을 열어 많은 선승(禪僧)을 배출하였다. 그중에서도 종단의 큰스님 송담이 도를 이룬 곳으로 유명하다. 그밖에 근현대 불교계를 이끌었던 많은 고승들이 젊은 시절 기도와 수양을 위해 머물던 곳으로 지금의 화엄문도 100여 명의 스님들이 각 처에서 수행 정진하고 있다. 보광사는 지금도 기도 및 수양처로 남아 있기를 희망하여 사찰 분위기도 선방답게 조용하다.

화엄사 문도의 발상지이자 도광, 도천, 송담 스님의 수행 도량이었던 담양 보광사는 청명한 날에는 저 멀리 지리산 반야봉이 보이며 새벽녘 보광사 일주문에서 바라보는 광경은 빼어난 경관을 자랑한다. 사찰의 대웅전(大雄殿)과 일주문(一柱門)은 각각 경기도 안양시 용화사와 여주시 신륵사의 것을 해체·이전하여 복원하였다.

> 도광 : 3.1 운동 때 민족대표 33인 중의 한 사람이었던 백용성(白龍城)의 상좌인 동헌의 제자로 화엄사(華嚴寺) 주지를 지냈다.

주소 전라남도 담양군 금성면 매곡길 49-15

❺ 죽림정사(竹林精舍)

소나무 군락으로 일 년 내내 푸르른 상월 마을에 위치한 죽림정사는 담양군에서 유일한 비구니 사찰이다. 명산으로 알려진 추월산을 배경으로 한 고즈넉한 산사 풍경이 아름다워 산사 기행의 최적지이다. 불교의 죽림정사(竹林精舍, Venuvana)란 원래 인도 중부 마갈타국의 가란타 마을에 세워진 최초의 불교 사찰을 말한다. 석가세존이 성도(成道)한 뒤에 가란타 장자가 부처에게 귀의하여 가란타의 죽림원(竹林園)을 희사하여 비구 1,250명의 승단 거처를 마련하였다. 그 터에 빈바사라왕이 건물을 지은 것이 불교 최초의 절인 죽림정사이다.

사자앙천(獅子仰天)과 맹호출입(猛虎出入) 형국의 담양군 용면 쌍태리에 위치한 죽림정사는 1992년에 창건되었다. 약 46,000여m²의 드넓은 부지 위에 추월산을 배경으로 세워진 죽림정사는 보리원 대화상의 영정이 모셔져 있는 영진각, 스님의 수행 공간인 수선사, 극락전, 삼성각 등의 건물이 있다.

> 정사 : 우리나라에는 삼국시대 이후 불교가 전파되어 무수한 사원이 지어진다. 그러나 사찰에 정사(精舍)라고 쓴 예는 아주 드물고 불교 이외에 도교나 유교를 숭상하는 이들이 그 업을 이루기 위하여 노력하는 중에 뛰어난 경개(景槪)에 정사를 모으고 원력을 세워 수행하던 수련처를 정사라 불렀다.

주소 전라남도 담양군 용면 쌍태길 13-13

292

❶ 담양객사리석당간(潭陽客舍里石幢竿)

담양객사리석당간은 돌로 만든 당간으로 보물 제505호이다. 가늘고 긴 팔각 돌기둥 3개를 당간을 받치도록 연결하였으며 그 위에 철제 지주를 올려놓았다. 네모진 대석에는 여덟 잎의 연꽃이 새겨져 있고 위 끝부분에는 금속으로 만든 원형의 보륜이 있으며 풍경과 유사한 방울 같은 것을 매달았고 예리한 삼지창 모양의 장식적인 유구가 있다.

석당간 옆에 세워져 있는 비석에 의하면 현존하는 석제 당간은 조선 헌종 5년(1839)에 중창한 것으로, 원래는 나무 당간이었으나 큰 태풍으로 동강나 석제로 대치했다고 전한다. 과거 담양 사람들은 담양의 지형이 떠다니는 배의 모양이므로 풍수지리학적으로 배를 움직이는 사공과 돛대가 필요하다고 생각했다. 그래서 사공은 천변리 석인상(문화재자료 제 19호)이며, 석당간이 돛대 역할을 한다고 믿었다.

> 당간(幢竿) : 당(幢 : 법회 같은 행사가 있을 때 절에 다는 기)을 달아두는 장대이다.

주소 전라남도 담양군 담양읍 객사리 45

❷ 연동사지지장보살입상(煙洞寺址地藏菩薩立像)

금성산성의 남쪽에 있는 암벽 바로 밑에 위치한 석불로 1992년 11월 30일 문화재자료 제188호로 지정되었다. 상호(相好)는 둥글넓적하고 코는 납작하며 입은 작은 편으로 약간 앞을 향해 고개를 숙인 모습이 인상적이다. 귀는 길게 내려왔으며 목에는 삼도(三道)가 희미하게 보인다. 법의(法衣)는 양팔을 걸쳐 내려온 한 가닥의 법의자락이 특징적이다. 정상부에 육계(肉髻)가 없이 민머리로 처리한 것으로 보아 지장보살로 추측된다. 제작연대는 고려시대로 지장보살은 대부분 불화(佛畵)에 많이 나타나고 있으나 여기서는 그 재료가 석조로 되어 있어 매우 희귀한 사례라 하겠다.

《신증동국여지승람(新增東國興地勝覽)》,《범우고(梵宇攷)》,《동국여지지(東國興地志)》 등의 문헌에 의하면 연동사는 17세기 이후에 폐찰된 것으로 보인다. 비록 절은 폐찰되었으나 현지에 석불과 석탑이 전해진 것으로 기록되고 있다.

주소 전라남도 담양군 금성면 금성리 산93-1

❸ 연동사지삼층석탑(煙洞寺址三層石塔)

추월산의 금성산성 남쪽 기슭에 자리 잡았던 연동사(煙洞寺)라는 옛 절터에 석불과 함께 남아 있는 탑으로 1997년 7월 15일 전라남도 문화재자료 제200호로 지정되었다. 무너져 흩어져 있던 것을 1996년에 새로 복원한 것이다. 담양읍에 있는 오층석탑(보물 제506호)과 같이 백제시대 석탑양식을 이어받아 고려말기에 세운 것으로 추정된다.

석탑의 모양은 1층 기단(基壇) 위에 3층의 탑신(塔身)을 올리고 있다. 기단의 네 모서리와 탑신의 몸돌에는 기둥 모양을 새겨놓았고 지붕돌은 윗면이 완만한 곡선을 이루며 돌이지만 마치 목조 석탑처럼 네 모서리선이 뚜렷하게 잘 표현되어 있다. 연동사는《신증동국여지승람(新增東國輿地勝覽)》및《추성지(秋城志)》에 고려시대 이영간(李靈幹, 1047~1082)이 어렸을 때 연동사에서 공부하였다는 내용이 기록되어 있다.

> 이영간 : 문종 때 참지정사(參知政事)의 벼슬을 지낸 분이다. 참지정사란 고려시대 중서문하성(中書門下省)의 종2품 관직이다.

주소 전라남도 담양군 금성면 금성리 산93-1

이영간과 추성주(秋成酒)

담양의 연동사에서 이영간이 어렸을 때 공부를 하고 있었다. 고려 초에 창건된 연동사에서는 스님들이 건강을 지키기 위해 빚어 마시던 곡차 추성주(秋成酒)가 있었다. 술 맛이 너무 좋아 마시면 신선이 된다 해서 '제세팔선주(濟世八仙酒)'라고 불리기도 하였다.

그런데 곡차가 발효할 때가 되면 누군가 훔쳐가는 이상한 일이 계속 생겼다. 이영간은 이 문제를 자세히 살펴 살쾡이 귀신이 도둑임을 알게 되었고 살쾡이 귀신을 죽이려 했다. 살쾡이 귀신은 죽을 위기에 처하자 머리를 조아려 용서를 빌었다. 이영간이 용서를 해주자 살쾡이 귀신은 영간에게 비술이 담긴 책을 건네고 훗날 이영간은 큰 벼슬을 하게 되었다는 설화가 전해 내려온다.

1700년경 담양부사 이석희가 담양 풍물에 대해 쓴 담양군지 《추성지(秋城志)》에 의하면 '이 지역 스님들이 절 주변에서 자라는 여러 가지 약초와 보리, 쌀 등을 원료로 하여 술을 빚어 곡차로 마셨는데, 이 술은 신선주로 허약한 사람들과 애주가들이 애음했으며, 그 비법은 구전하고 있다.'라는 기록이 있을 만큼 역사가 오래된 술이다.

> 추성주 : 통일신라 경덕왕 때부터 고려 성종 때까지 약 250년 동안 추성군으로 불린 전라남도 담양의 옛 지명에서 따온 이름이다. 추성주는 한약재로 사용되는 두충, 구기자, 음양곽, 오미자 등 20여 가지의 약초가 들어가기 때문에 강장과 혈액 순환에 좋고 마시기가 부드러우며 주취가 빠르고 뒷맛이 깨끗한 술이다. 특히 구전되는 바에 의하면 추성주는 특수한 향취와 은은한 맛이 있어 보양 효과가 높으며 해열, 진정, 구충, 혈압 강하, 소염, 고혈압, 당뇨병, 신경통, 동맥경화 등의 성인병 예방에 좋고 중이염, 노화, 간염, 피부염, 신장병에 그 효과가 매우 좋다고 알려져 있다.

❹ 남산리오층석탑(潭陽南山里五層石塔)

담양군 담양읍 남산리에는 절터로 짐작되는 평지 가운데 보물 제506호 오층석탑이 우뚝 서있다. 인근에 석당간이 있고 최근 발굴 조사에서 우물(12기), 폐와지 등이 발견되면서 대형 사찰 또는 행정 기관이 있었음을 짐작해볼 수 있다.

석탑의 높이는 7m이며 재료는 화강암으로 충청남도와 호남 지역의 백제 계열 석탑이 연상되는 고려시대 탑이다. 1층 탑신부는 다른 조식이 없이 4개의 모서리 기둥이 있고 옥계석은 두꺼운 편이며 처마는 경사졌고 전각에 이르러 가운데 반전을 보였다. 또한 처마 밑은 수평에다 옥개석 받침은 3층으로 5층까지 동일하다.

탑신을 비롯하여 각부가 비교적 높으나 옥개 너비가 단촉(短促)하여 고준해보이는 이례적인 탑이다. 이러한 받침 양식은 추녀 밑의 반전과 더불어 부여읍 동남리에 있는 백제 말기의 부여 정림사지 오층석탑(扶餘定林寺址伍層石塔, 국보9) 양식을 본떠 만든 탑으로 조성연대는 고려중기로 추정된다.

주소 전라남도 담양군 담양읍 남산리 342

❺ 언곡사지삼층석탑(彦谷寺址三層石塔)

언곡사는 백제시대 성왕 6년(528)경에 창건되었다고 전해지고는 있으나 고증할 수 있는 문헌이 남아 있지 않다. 절 이름도 조선후기에 작성된《추성지(秋城志, 1758)》에 '술형촌(述兄村)에 석탑이 존재한다.'라는 존재 사실만을 기록하고 있을 뿐이고 무정면지(武貞面紙, 1934)에는 '언곡사(彦谷寺) 고적(古蹟)'이라는 절 이름만 언급하고 있다.

비봉산(飛鳳山) 입구에 있는 대지를 언곡사의 옛 절터라 여기고 있는데 석탑 하대와 석등 하대석이 발견되었기 때문이다. 이 탑은 1927년 이곳에서 무정초등학교 교정으로 옮겨졌다가, 1995년 다시 원래의 위치로 옮겨 복원하였다. 석탑을 무정초등학교로 옮길 때 1층 탑신 밑바닥에서 높이 6cm인 금동불입상이 발견되었다고 한다. 당시 일본인 교장은 금동불입상을 일본인 장학사에게 팔아 학교 실습용 토지를 샀다고 전한다.

탑은 높이 약 2.4m이고, 구조를 보면 기단부 중석인 면석 2매가 양쪽에서 탑신부를 받치고 있으며, 면석은 각 면에 양 우주와 탱주 1주가 모각되었다. 전체적인 탑의 형식 등을 볼 때 고려시대에 조성된 것으로 추정된다. 전라남도 문화재 자료 제20호로 1984년 2월 29일 지정되었다.

❻ 개선사지석등(開仙寺址石燈)

환벽당에서 광주호 상류를 오른쪽에 두고 크게 감아 돌면 개선마을 입구 오른쪽에 높이 3.5m의 개선사지석등이 있다. 보물 제111호 석등이 위치한 학선리 인근에는 예로부터 크고 작은 암자와 사찰이 많은 곳이었다고 전해온다. 또한 이 부근에 개선사가 있었다고 하는데 지금은 석등 외에 사찰의 흔적은 찾아볼 수 없다. 전라남도 일대에 남아 있는 통일신라시대의 대표적인 이 석등으로 간주석 부분까지 묻힌 채로 있었으나, 1965년에 주변을 정리하고 이를 노출시켰다. 이후 1990년부터 문화재관리국의 고증을 받아 복원 공사를 벌여 현재는 석등과 절터가 잘 정돈되어 있다. 석등은 불교 의식을 할 때의 도구였으며 불법광명이 시방세계에 두루 비치는 것을 상징한다. 이 석등은 눈이 오나 비가 오나 밤마다 개선사 뜰의 연못 가운데에서 불을 밝혔다고 한다.

옥개석 밑면에는 낮고 넓적한 굄이 있고, 8각의 각 전각(轉角)에는 꽃무늬 장식의 귀꽃을 새겼다. 각 변마다 중간에 얕은 전각을 마련하여 뚜렷한 반전(反轉)을 표현하였기 때문에 옥개석은 16각형을 이루고 있는데 이것이 신라 말엽에 조성된 석등의 특이한 양식이다. 석등의 명문에 쓰인 '용기(龍紀) 3년'이란, 891년(통일신라 진성여왕 5년)에 해당되므로 그 조성 연대를 알 수 있어 9세기 수법을 보여주는 대표적 석등이다. 화사석 기둥면에 새겨진 조등기(造燈記)는 한 기둥에 각기 두 줄씩 기록되어 있다. 비록 여러 군데가 손상되었지만 남아 있는 귀꽃의 문양이나 상대석 앙련에 새겨진 문양 등을 살펴볼 때 상당히 정성을 들인 화려한 석등임음을 알 수 있다.

❼ 오룡리석불입상(五龍里石佛立像)

전라남도 담양군 무정면 오룡리 외당마을 동쪽으로 1km가량 떨어져 있는 도로변에 3.5m 높이의 커다란 석불입상이 있다. 오룡리석불입상은 마을 사람들로부터 '할아버지 미륵'으로 친근하게 불리고 있다. 또한 석불 머리 위의 돌과 코 부분이 많이 훼손된 것으로 보아 아이를 낳지 못하는 여인들이 이곳에 와 치성을 드렸음을 보여준다. 지금은 길옆에 초라하게 홀로 서있는 불상이지만 주위에서 옛 사찰의 기와 조각이 발견된 것으로 보아 예전에는 절 안에 있었던 불상이었음을 추측해본다. 전하는 말에 의하면 고려시대에 몽고군과 싸우다가 죽은 승려들의 넋을 기리기 위해 만든 불상이라고도 한다.

석불은 하나의 돌에 불신과 광배(光背)를 돋을새김하여 표현하고 있다. 이 불상에서 특이할 만한 것은 돌출한 듯 두툼한 입술인데, 이런 표현은 고려시대 유행한 지방화된 불상 양식 중 전라남도 지방에서 많이 나타나는 것이다. 옷은 양어깨에 걸쳐 입고 있으며 옷자락은 U 자형의 주름을 이루면서 다리 밑까지 매우 형식적으로 표현되었다. 손은 왼손을 들고 오른손을 내려 몸에 바짝 붙이고 있는데, 일반적인 불상의 손 모양과는 반대로 표현되었다. 사각형에 가까운 얼굴, 짧은 목, 형식화된 옷자락 등에서 고려중기 이후에 만들어진 불상으로 추정된다.

주소 전라남도 담양군 무정면 오룡리 산38

❶ 한우떡갈비

❷ 대통밥

담양 한우떡갈비는 갈비에 붙어 있는 살을 떼어낸 후 고기를 수십 차례 칼집을 넣어 다지고 양념을 한 후 동그랗게 만들어 다시 뼈에 얹어 석쇠에 굽는다. 떡갈비를 입안에 넣으면 살살 녹는 부드러운 식감과 풍부한 맛이 조화를 이룬다. 담양의 한우떡갈비가 다른 지역보다 맛이 유난히 좋은 이유는 100% 갈비만을 재료로 사용하기 때문이다.

또한 담양 한우떡갈비는 양질의 동물성 단백질과 철분, 비타민 A, B1, B2 등을 함유하고 있어 기력이 쇠한 사람들에게 특히 좋다. 한우떡갈비는 모양이 떡처럼 생겼다고 붙여진 이름으로 궁중에서 임금이 손으로 갈비를 들고 뜯을 수 없어 젓가락으로 쉽게 먹을 수 있도록 요리한 데서 연유한 것이라고 한다.

대나무로 밥을 짓는 담양의 향토 음식 대통밥은 죽통밥이라고도 한다. 대나무 통에 쌀과 대추, 은행, 밤을 넣고 한지로 그 입구를 덮은 뒤 압력솥에서 20~30분간 쪄낸다. 이때 사용하는 대나무는 3년 이상 자란 왕대의 대통을 잘라 쓴다. 밥은 대나무 향기가 은은하면서 씹히는 맛이 쫄깃하다.

대나무의 죽력과 죽황이 밥에 배어들어 인체의 화와 열을 식히는 역할을 하여 기력을 보강하는 데 도움이 되어 허약한 체질이나 스트레스를 많이 받는 사람에게 좋다고 한다. 보통 대통밥은 죽순나물, 죽순된장국, 죽순장아찌, 조기 그리고 제철 반찬을 포함한 15가지의 반찬들이 차려 나온다. 담양에 대통밥집은 그 수가 매우 많은데 그중 몇 군데를 추천한다.

❸ 죽순요리

❹ 숯불돼지갈비

담양에서는 대나무 중에서 식용이 가능한 솜대와 맹종죽, 왕대의 죽순을 이용한 죽순요리를 빼놓을 수 없다. 봄에 비가 내리면 담양의 대나무밭은 죽순밭이 되는데 이 봄기운을 물씬 머금은 죽순들은 삶아 나물로 먹거나 탕, 무침, 찌개로 식탁에 오른다. 죽순은 나오는 시기와 종류에 따라 맛과 효능이 다르다. 겨울에 나는 맹종죽 죽순은 양이 많고 부드러워 하나만 삶아도 풍성한 느낌이다.

왕대 죽순은 다른 죽순보다 약간 쓴맛이 나나 독특한 식감이 매력적이며, 분죽이라 불리는 솜대 죽순의 식감이 가장 으뜸이다. 또한 죽순에는 심리 안정 효과도 있어 차로 마시기도 한다. 아삭한 질감 그리고 새콤달콤하고 쫄깃하며 담백한 맛의 죽순회는 담양 토속 음식의 대표적인 별미이다.

최근 큰 인기를 누리고 있는 담양 숯불돼지갈비는 양념이 배인 돼지갈비를 석쇠에 올려 참숯불로 구워내는 요리다. 특유의 양념에 하루를 재운 다음 숯불에 구울 때는 5~6가지가 넘는 갖은 양념을 계속 발라 고기 깊숙이 독특한 맛이 스며들게 한다. 한우떡갈비에서 영감을 얻어 만들어진 숯불돼지갈비는 좋은 갈비를 사용해 고소한 맛이 난다.

구울 때는 초벌을 한 다음 재벌을 하고, 손님이 오면 다시금 세 번에 걸쳐 구워 내놓아 기름기를 쫙 뺀 담백하고 맛깔난 돼지갈비를 먹을 수 있다. 고기를 굽는 데에는 불을 참숯만 사용해 고기맛과 함께 불맛을 즐길 수 있다. 담양숯불돼지갈비는 한 점씩 잘라내어 마늘, 고추, 새우젓과 함께 쌈을 싸 먹으면 그 맛이 일품이다.

❺ 국수

❻ 창평국밥

관방제림을 따라 줄을 이어 있는 국수집들은 오래전 죽물시장이 성황을 이룰 때 만들어지기 시작해 오늘에 이른다. 새벽같이 대나무 바구니를 이고 지고 오느라 아침식사를 놓쳤던 죽세공의 주린 배를 따뜻하게 채워주었던 고마운 국수였다.

죽물시장 주변에 천막을 치고 국수를 팔기 시작해 지금은 가정집을 개조하여 국수 장사를 하고 있다. 관방제림의 350여 년 된 나무 아래 평상에 앉아 맑은 관방천을 내려다보며 멀리 푸른 죽녹원을 즐기면서 먹는 국수의 맛은 오랫동안 추억의 순간으로 남는다.

메뉴는 소박하게도 비빔국수, 멸치국수가 전부이지만 면발은 퍼지지 않고 쫄깃쫄깃한 중면으로 감칠맛이 난다. 그리고 대나무잎과 오가피와 헛개나무 등 5가지의 약재를 넣고 삶은 달걀은 국수에 곁들여 먹는 별미로 각광받고 있다.

창평장날에 모여든 서민들이 먹던 음식이라 '창평국밥'이라 부르게 되면서 자연스레 고유명사가 되었다. 초기의 국밥은 지금처럼 많은 재료가 들어가지 않았고 돼지고기를 팔고 남은 부속 부위로 만들었다.

끓는 물 속에 남은 돼지고기 부위와 콩나물, 무를 넣은 다음 고춧가루를 풀어 간단하게 만들어 매우 저렴한 가격으로 한 끼를 해결하는 음식이었다. 서민들의 주린 배를 따뜻하게 채워주며 창평 사람들에게 살아갈 힘을 불어넣어주었던 고마운 창평국밥은 지금도 여전히 사람들에게 사랑을 듬뿍 받고 있다. 암뽕순대는 담양의 토속음식으로 암퇘지의 내장에 돼지피, 콩나물, 당면, 마늘, 참기름을 넣어 만든 순대로 식감이 쫄깃한 것이 특징이다.

창평에 가면 이제는 장날이 아니더라도 언제든 맛있는 국밥을 맛볼 수 있는 국밥거리가 조성되어 있다.

❼ 한우생고기

담양의 우시장은 전국 3대 우시장에 들만큼 유명세가 있었고 그 수가 많아 담양에는 생고기라는 특별한 음식이 생겨났다. 담양의 생고기는 거의 마블링이 없으며 색이 검붉고 찰지다. 당일 잡은 고기를 사용하기 때문이며 육질이 살아 있어 생고기를 한 접시 먹을 때까지 그릇에 피가 묻어나지 않는 것이 특징이다.

담양에서는 소의 사료에 댓잎을 먹여 키우고 있으며 2006년 '대숲맑은 한우'라는 자체 브랜드를 만들었다. 대숲맑은 한우는 한우의 개량과 체계적인 사양 관리를 하고 있어 고기의 품질이 균일하고 아미노산, 올레인산, 불포화지방산이 다량 함유되어 있어 맛이 담백하고 고소하다. 생고기는 소고기를 생선회처럼 얇게 썰어서 날것 그대로 기름장이나 양념장에 찍어 먹는다.

❽ 메기찜 · 메기탕

담양에는 용추봉과 추월산이 있으며 그 아래로 흐르는 물이 담양호와 담양읍을 거쳐 증암천까지 흘러 내려가기 때문에 그 물을 따라 메기를 포함하여 민물고기들이 많이 살고 있다. 특별히 식감이 부드러워 한 입 먹으면 살살 녹아내리는 메기는 양질의 단백질과 지방, 비타민B를 풍부하게 함유하고 있다. 이러한 성분은 신장과 간을 보호하고 혈액 순환을 도와줘 먹으면 피부가 좋아진다.

메기는 진흙바닥 속에 살기 때문에 흙냄새를 잡는 것이 관건인데 담양은 댓잎을 비롯한 11가지의 약재로 잡내를 없앴다. 냄새를 잡기 위해 풍부한 양념을 넣은 메기탕이 인기 있지만 재료 본연의 맛을 살린 메기찜 또한 일품이니 꼭 먹어볼 것을 추천한다. 담양에서 메기찜과 메기탕으로 가장 유명한 집은 메기찜 달인이 직접 만드는 '장미가든'이다.

담양한과의 특징은 천연의 재료를 사용하여 담백하고 깔끔한 단맛을 낸다는 점이다. 또한 창평쌀엿은 먹을 때 바삭하고 입안에 달라붙지 않는 것이 가장 큰 특징이다. 담양쌀엿의 유래는 조선시대 양녕대군이 잠시 담양으로 내려왔을 때, 수라간의 궁녀들이 담양지역에 전수한 궁중방식을 계승하고 있다고 한다.

쌀엿은 따뜻한 곳에서 작업하고 엿을 늘일 때는 차가운 곳에서 일일이 사람의 손으로 작업한다. 엿을 먹으면서 엿의 단면을 살펴보면 많은 공기 구멍을 발견할 수 있는데 그 비법이 이러한 전통방식에 있다. 거기에 주재료인 담양 쌀의 품질도 한몫을 한다. 색동옷 곱게 차려입은 듯 보기만 해도 탐스러운 빛깔의 한과와 담백한 단맛의 쌀엿은 입안에서 사르르 녹아 그 맛에 누구나 반하게 된다.

담양 한정식의 가장 큰 특징은 담양이 산이 많고 들이 넓어 농산물과 산나물이 풍부한 덕에 반찬의 수가 많다는 것이다. 조기구이, 적반, 소고기구이, 홍어찜, 굴비, 민물고기, 죽순회, 육회, 돼지 머리고기, 취나물, 고사리, 오이소박이, 참게장, 토하젓, 감장아찌 등 40여 가지가 넘는 반찬이 놓인 밥상은 상다리가 부러진다고 하는 말을 자연스레 떠오르게 한다.

담양 한정식 집에 가면 특이하게도 방 안에 방석만 놓여 있는 경우가 있는데 잠시 기다리면 종업원이 커다란 교자상을 들고 와 손님들에게 내려놓는다. 음식을 하나씩 나르는 것이 아니라 부엌에서 상 위에 차린 후 손님에게 상 전체를 들고와 내는 전통 방식을 여전히 따르고 있는 것이다. 담양의 한정식 음식점에서는 '집장'을 기본 양념으로 사용하고 있어 양반집의 정갈한 옛맛을 그대로 느낄 수 있다.

307

6. 담양 대표 특산품

❶ 대숲맑은 쌀

영산강 시원지로서 오염되지 않은 청정지역 담양에서 생산되는 대숲맑은 쌀은 고품질 친환경 청정미 단지에서 재배하여 친환경 품질 인증을 받은 담양을 대표하는 쌀이다. 2014년 전국 12대 고품질 브랜드쌀 1위에 선정되었다.
단위 : 4kg, 10kg, 20kg

❷ 대숲맑은 한우

품질이 균일하고 위생적인 고급육을 생산하기 위해 한우 개량과 체계적인 사양 관리에 중점을 두고 사육을 하고 있는 것이 대숲맑은 한우의 가장 큰 특징이다. 아미노산, 올레인산, 불포화지방산이 다량 함유되어 맛이 담백하고 고소하다.

❸ 대숲맑은 딸기

친환경 유기농법 재배, 꿀벌을 이용한 자연 수정 생물 천적과 이온수, 죽초액을 이용한 친화적인 고품질 딸기로 가락시장에서 2년째 점유율 1위를 달리는 명품 딸기이다.

❹ 대숲맑은 멜론

친환경 유기농법으로 재배하여 최고의 품질을 자랑하는 담양 멜론은 재배에서 출하까지 철저한 공동 관리로 소비자의 신뢰가 높다.

❼ 담양 죽순

❺ 대숲맑은 방울토마토

담양의 방울토마토는 육질이 단단하고 당도가 높으며, 재배에서 수확까지 엄격한 품질 관리와 공동 관리로 품질이 균일하다.

담양은 전국에서 밤하늘이 가장 맑은 청정지역으로 대나무 생육에 가장 알맞은 기후 풍토를 가지고 있어 죽순의 질이 우수하며 그 맛 또한 일품이다.

❻ 대숲맑은 블루베리

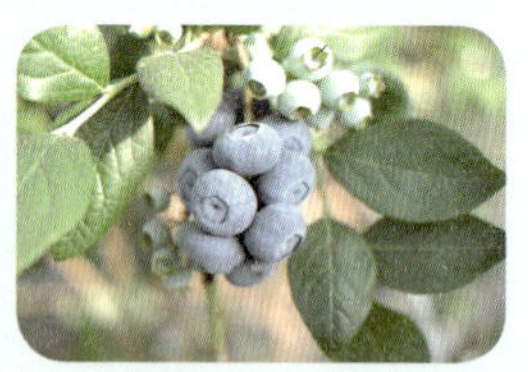

담양 블루베리는 청정토양에서 무농약으로 길러내 당도는 높으면서 최고의 맛과 영양을 자랑한다. 담양은 일조량이 높고 맑은 수질과 토양, 대기 환경을 가지고 있어 블루베리를 키우기에 천혜의 자연 조건을 가지고 있다.

❽ 죽부인

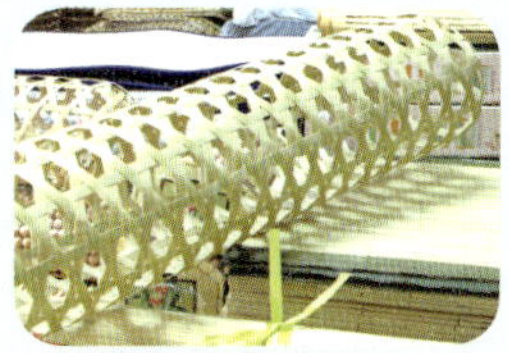

죽부인은 여름밤에 끼고 자면 서늘한 기운이 감돌아 잠의 맛을 한층 더 즐겁게 하는 묘미가 있다. 무더운 한여름, 모시옷 또는 삼베옷을 입고 대청마루에서 죽부인을 안고 낮잠을 자는 그 모습은 시원함을 더해 준다.

죽부인은 고려시대 성리학자의 이곡(李穀)이 대(竹)를 의인화(擬人化)하여 절개 있는 부인에 대해서 지은 가전체(假傳體) 작품 《죽부인전》에서 유래된 것이다.

담양에서만 생산되며, 여름의 더위를 식히는 납량(納凉)의 총아로 각광을 받고 있다. 아버지가 사용한 죽부인은 자식이나 다른 사람이 껴안아서는 안 되며 겨울철에 사용하지 않을 때는 반드시 부모님의 침실에 보관하고 아버지가 돌아가셨을 때는 불에 태워야 한다는 이야기가 전해온다.

❾ 대나무숯

대나무숯은 원적외선 및 음이온 방출, 냄새 제거, 심신 안정, 습도 조절, 중금속 흡착 등 탁월한 효능을 갖고 있다.

담양의 대나무숯은 사계절이 뚜렷하고 양질의 황토 지역인 담양산 왕대 및 솜대만 사용하기 때문에 원적외선 방사 및 음이온 방출량이 많고 양질의 미네랄 함량이 높은 최상급 제품이다.

대나무바이오텍 061-383-9100 / www.daesoot.co.kr
(주)뱀부텍 061-383-8002 / www.bambootec.co.kr

❿ 대숲향죽로차

대숲향죽로차(竹露茶)는 '대나무 이슬을 먹고 자란 차나무'라는 뜻으로 붙여진 이름으로, 청정한 대밭에서 산란광선을 받으며 자연의 이치를 거스르지 않고 자란 오롯한 야생 차(茶)이다.

차나무가 성장하는 데 가장 이상적인 환경이 반음반양(半陰半陽)으로 대나무숲에서 자라는 차는 차 잎이 연하고 부드러워 뜨거운 물에 차를 우리는 과정에서 잘 우러나므로 맛과 향이 뛰어나 차를 즐기는 차인들 사이에서도 죽로차는 특별한 차로 인식되고 있으며 옛날부터 담양 대밭에서 자라는 차를 최상품(上品)으로 간주하였다. 대숲향죽로차에는 카테킨, 수용성 카페인, 단백질, 유리아미노산 등 유익한 성분이 함유되어 있어 항암 효과, 고혈압 및 동맥경화 예방, 당뇨병 억제, 심신 안정 등 정신과 신체를 건강하게 한다.

특히, 노화의 원인이 되는 과산화지질 생성을 억제하여 노화를 방지하는 항산화 물질인 카테킨과 정신 활동을 높여 기억력, 판단력, 지구력을 향상시키는 카페인은 일반 녹차보다 죽로차에 많이 함유되어 있다고 한다. 죽로차의 카페인은 수용성으로 지용성인 커피의 카페인과 같은 부작용은 일어나지 않기 때문에 성인병 환자와 수험생들은 커피보다는 죽로차를 마시는 것이 효과적이다.

대숲향죽로차작목회 061-383-6015, 010-2445-7243

⑪ 대잎차

대잎차는 담양의 산들녘에서 야생으로 자란 대나무의 어린 잎을 채취해 만든 차이다. 제다 과정은 덖음과 증제(찜) 과정을 모두 거치고, 까다로운 가향 단계를 고집하기에 풋내가 나지 않고, 떫은 맛이 없다. 영롱한 황금색을 띄며, 구수한 냄새와 은은하게 퍼지는 대나무 향이 편안함을 느끼게 한다.

대나무잎의 뛰어난 약리적, 영양학적 효능이 지난 10여 년간의 연구 끝에 밝혀졌다. 식이성 섬유질이 다량 함유된 대나무잎은 각종 성인병과 중풍의 예방에 탁월한 효과가 있으며 체내의 생화학적 대사를 원활하게 하는 저칼로리 식품이다.(특허제0368062호)

대나무건강나라
전라남도 담양군 금성면 원율길 12 / 061-383-8000
www.ebamboo.co.kr

⑫ 추성주 · 대잎술

추성주

천년의 맥을 이어 온 전통 민속주로서 금성산성 인근의 약초들로 빚어 제세 팔선주라고도 불리며 영산강 상류의 청결미와 순곡을 혼합하여 빚어 대나무골 대나무숯으로 여과한 25% 일반 증류주이다. 10여 개의 약재들과 함께 숙성하여 특유의 빛깔과 향미가 있으며 뒤끝이 부드러운 술로 고혈압, 당뇨, 신경통 등에 효과가 있다.

대잎술

청정 대나무골의 대표적인 대나무잎을 이용하여 제조한 약주로서 전국 유일하게 초록빛을 띄는 주류이다. 순곡으로 빚어 마시기가 부드럽고 뒤끝이 깨끗하다.

추성고을
전라남도 담양군 용면 추령로 29 / 061-383-3011 /www.chusungju.co.kr

⑬ 죽초액

죽초액 비누

대나무 죽초액은 대나무를 원료로 숯을 굽는 과정에서 발생한 연기를 자연 냉각 시 채취한 액체를 특수 여과, 흡착 등 여러 공정과 특수 정제 기술로 추출해 낸 액상 물질이다.

죽초액은 20여 가지의 각종 유기물이 함유되어 있어 살균 해독력이 강하다. 의약품 원료, 화장품 등 각종 피부 보호 용품 산업의 기초 원료, 농업용, 축산 · 양어용, 수질 정화용 등에 사용된다.

영농조합법인 양지엔텍 전라남도 담양군 담양읍 태봉로 97길 / 061-383-9100 / www.daesoot.co.kr

⑭ 담양한과

담양에서 생산되는 한과와 창평쌀엿은 대대로 전해 내려오는 전통 방식을 고수하여 영

산강 시원지 청정 지역에서 생산된 우리 농산물로만 정성스럽게 빚은 제품으로 고유의 맛과 향이 일품이다. 전국 유명 백화점 및 우편 주문 판매로 각광을 받고 있으며, 명절에 방문 구입 및 우편 주문이 많다.

담양한과
전라남도 담양군 창평면 창평현로 714-22 / 061-383-8283
www.damyang.co.kr

호정식품
전라남도 담양군 창평면 창평현로 766 / 061-383-6446
www.hojungfood.co.kr

안복자한과
전라남도 담양군 창평면 강촌길 34-9 / 061-382-8891
www.anbokja.co.kr

⑮ 창평쌀엿

맛이 독특할 뿐만 아니라 먹을 때 바삭바삭해 이에 들러붙지 않고 먹고 나서 찌꺼기가 남지 않아 유명하다.

담양한과 전라남도 담양군 창평면 창평현로 714-22 / 061-383-8283 / www.damyang.co.kr

호정식품 전라남도 담양군 창평면 창평현로 766 / 061-383-6446 / www.hojungfood.co.kr

강순임슬로푸드(쌀엿체험) 전라남도 담양군 창평면 경동길 95 / 010-3623-8371

고재구 전통쌀엿 전라남도 담양군 창평면 경동길 11-10 / 061-382-9889

⑯ 빈도림꿀초

한봉에서 나오는 순수 천연 밀랍 100%를 재료로 하여 정성껏 손으로 만든 대한민국 유일의 수제 초이다.
전화나 팩스, 이메일로 주문 내용을 받거나 홈페이지 게시판으로 주문 가능하다.

빈도림꿀초
전라남도 담양군 대덕면 용산로 265-91 / 061-383-8130 / www.honeycandle.co.kr

⑰ 전통장

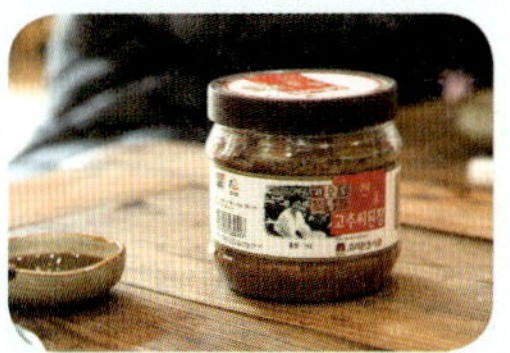

죽염류, 전통 된장, 고추장, 청국장, 간장, 장아찌류 등이 있다

기순도전통장
전라남도 담양군 창평면 유천길 154-15 / 061-383-6209 / www.ksdo.co.kr

음식점 리스트

*** 한우떡갈비, 대통밥, 죽순 요리 추천 음식점**

덕인관 ● 전라남도 담양군 담양읍 죽향대로 1121, 061-381-7881

박물관앞집 ● 전라남도 담양군 담양읍 죽향문화로 22, 061-381-1990

송죽정본점 ● 전라남도 담양군 담양읍 죽향대로 1171, 061-381-9988

한상근대통밥집 ● 전라남도 담양군 월산면 담장로 113, 061-382-1999

죽녹원식당 ● 전라남도 담양군 담양읍 향교길 2-1, 061-382-9973

파라다이스 ● 전라남도 담양군 금성면 담순로 415, 061-381-0280

구름다리 ● 전라남도 담양군 담양읍 죽향문화로 381, 061-383-7780

떡갈비본가 ● 전라남도 담양군 담양읍 중앙로 91, 061-383-6692

옥빈관 ● 전라남도 담양군 담양읍 죽녹원로 97, 061-382-2584

죽녹원첫집 ● 전라남도 담양군 담양읍 향교길 4, 061-381-4021

신식당 ● 전라남도 담양군 담양읍 담주2길 18-13, 061-382-9901

대가 ● 전라남도 담양군 고서면 가사문학로 619, 061-383-7050

*** 숯불돼지갈비 추천 음식점**

승일식당 ● 전라남도 담양군 담양읍 중앙로 98-1, 061-382-9011

옛날제일식당 ● 전라남도 담양군 담양읍 마두길 6, 061-381-4143

원조제일숯불갈비 ● 전라남도 담양군 담양읍 마두길 4, 061-381-1234

수북회관꿀꿀갈비 ● 전라남도 담양군 수북면 한수동로 586, 061-382-7043

감나무집꽃돼지 ● 전라남도 담양군 수북면 한수동로 524, 061-383-6123

금수한방숯불가든 ● 전라남도 담양군 담양읍 서원길 5-1, 061-382-3335

금수궁 ● 전라남도 담양군 담양읍 지침6길 45, 061-381-0966

*** 국수거리 추천 음식점**

관방천국수 ● 전라남도 담양군 담양읍 객사3길 40, 061-381-2697

진우네집국수 ● 전라남도 담양군 담양읍 객사3길 32, 061-381-5344

옛날진미국수 ● 전라남도 담양군 담양읍 객사3길 26, 061-382-0984

죽녹원국수 ● 전라남도 담양군 담양읍 객사3길 15, 061-381-6871

원조대나무국수 ● 전라남도 담양군 담양읍 객사3길 26, 061-383-6445

시장국수 ● 전라남도 담양군 담양읍 객사3길 23-3, 061-381-2728

미소댓잎국수집 ● 전라남도 담양군 담양읍 객사리 3길 20, 061-381-9789

*** 창평국밥 추천 음식점**

원조창평시장국밥 ● 전라남도 담양군 창평면 사동길 14-11, 061-383-4424

창평국밥 ● 전라남도 담양군 창평면 사동길 12-12, 061-382-8039

전통 창평국밥 ● 전라남도 담양군 창평면 사동길 8-1, 061-381-8253

창평장터국밥 ● 전라남도 담양군 창평면 사동길 14-13, 061-381-1384

창평가마솥국밥 ● 전라남도 담양군 창평면 사동길 8-2, 061-382-7233

황토방국밥 ● 전라남도 담양군 창평면 사동길 14-7, 061-381-7159

창평신선국밥 ● 전라남도 담양군 창평면 사동길 12-11, 061-383-1998

옛날대통순대전문점 ● 전라남도 담양군 담양읍 담주4길 44-8, 061-381-1622

주부한우떡갈비 ● 전라남도 담양군 담양읍 객사1길 3-1, 061-381-3200

축협한우전문식당 ● 전라남도 담양군 담양읍 삼거리길 8-6, 061-380-5600

산내음 ● 전라남도 담양군 고서면 산덕연동길 38, 061-383-8861

한우촌 ● 전라남도 담양군 담양읍 삼거리길 18, 061-383-9006

장미가든 ● 전라남도 담양군 용면 추월산로 1284, 061-381-2007

한재골가든 ● 전라남도 담양군 대전면 병풍로 374, 061-382-8839

산성가든 ● 전라남도 담양군 금성면 금성산성길 275, 061-381-1715

금성가든 ● 전라남도 담양군 금성면 금성산성길 271, 061-381-3636

청산가든 ● 전라남도 담양군 남면 지실길 46-24, 061-382-1033

월정산장 ● 전라남도 담양군 용면 금성산성길 525, 061-383-9777

은송회관 ● 전라남도 담양군 용면 월계길 1, 061-381-8877

담양한과 ● 전라남도 담양군 창평면 창평현로 714-22, 061-383-8283

안복자한과 ● 전라남도 담양군 창평면 강촌길 18, 070-4603-1558, 061-382-8891

창평쌀엿한과 호정식품 ● 전라남도 담양군 창평면 창평현로 766, 061-373-6466

창평전통시장 ● 전라남도 담양군 창평면 창평리 209, 061-380-3803

전통식당 ● 전라남도 담양군 고서면 고읍현길 38-4, 061-382-3111

민속식당 ● 전라남도 담양군 담양읍 객사1길 8, 061-381-2515

금성산성 ● 전라남도 담양군 금성산성길 202, 061-380-5151

클럽하우스 ● 전라남도 담양군 담양읍 깊은실길 169, 061-380-7590

멘토르 ● 전라남도 담양군 창평면 창평읍 용운길 35-27, 061-381-9390

담양애꽃 ● 전라남도 담양군 봉산면 죽항대로 723, 061-381-5788

삼정회관 ● 전라남도 담양군 담양읍 지침3길 11-1, 061-383-4900

들풀산채정식 ● 전라남도 담양군 고서면 분향용대길 3-6, 061-381-7370

수려재 ● 전라남도 담양군 남면 가사문학로 735-8, 061-382-1203

병풍산방 ● 전라남도 담양군 대전면 대치5길 131, 061-381-9282

숙박업소 리스트

ㄱ정자가 있는 우리 한옥
주소 : 전라남도 담양군 창평면 동산 한옥길 77
문의 : 061-381-5757 / 010-2655-9859

가경한옥
주소 : 전라남도 담양군 봉산면 방축길 9-25
위치 : 담양군 봉산면 방축마을
문의 : 010-4633-0474 / 010-4633-0474

가마골관광농원(관광농원)
주소 : 전라남도 담양군 용면 용소길 67
위치 : 가마골생태공원 내 위치
문의 : 061-381-9999 / 010-2366-0684

가보고싶은한옥(종가집)
주소 : 전라남도 담양군 봉산면 방축길 7-56
위치 : 봉산면사무소 부근
문의 : 061-381-7788 / 010-3604-5600

가을이네한옥
주소 : 전라남도 담양군 창평면 동산한옥길 93
문의 : 061-382-3677 / 010-8736-1246

가향채민박
주소 : 담양군 봉산면 면앙정로 210-41
문의 : 070-8805-0835 / 019-9116-5421

강과들(관광농원)
주소 : 전라남도 담양군 금성면 병목로 41
문의 : 061-382-0054 / 010-6634-4242

개울가언덕
주소 : 전라남도 담양군 용면 분통길 57
위치 : 가마골생태공원 입구
문의 : 061-382-1970 / 010-4754-1970

거목민박
주소 : 전라남도 담양군 용면 가마골로 394
위치 : 가마골생태공원
문의 : 061-382-9597 / 011-643-9597

고궁민박
주소 : 전라남도 담양군 금성면 금성산성길 282-45
위치 : 담양호 근방
문의 : 010-8765-7899

고운이네한옥민박
주소 : 담양군 창평면 동산한옥길 81-5
문의 : 010-3601-8355

고택한옥에서
주소 : 전라남도 담양군 창평면 돌담길 88-9
위치 : 담양군 창평면 한옥마을 내
문의 : 061-382-3832 / 011-606-1283

고향민박
주소 : 전라남도 담양군 용면 용연대흥길 20
위치 : 가마골생태공원 입구
문의 : 061-381-0036 / 010-6411-3036

고향의기와집
주소 : 전라남도 담양군 봉산면 면앙정로 210-35
문의 : 061-381-7271 / 010-3634-7271

관광전통한옥촌
주소 : 전라남도 담양군 봉산면 방축길 7-50
위치 담양군 봉산면 파출소 뒤편
문의 : 061-381-7799 / 010-6659-5999

관광한옥촌 (2)
주소 : 담양군 봉산면 방축길 7-16
위치 : 봉산면 기곡리 784-2 / 017-604-6600

관광한옥촌 (6)
주소 : 전라남도 담양군 봉산면 면앙정로 210-39
위치 : 봉산면 기곡리 799-4 문의 : 061-383-6799

금성산성민박
주소 : 전라남도 담양군 금성면 금성문화길 1-17
위치 : 금성면 원율리 문화마을
문의 : 061-383-0680 / 010-8620-9128

금성테마민박
주소 : 전라남도 담양군 금성면 금성문화길 7-5
위치 : 금성면 원율리 문화마을
문의 : 061-381-2376 / 010-5661-4189

금성한옥체험민박촌(유경당)
주소 : 전라남도 담양군 금성면 새덕굴길 163
위치 : 금성산성 아랫마을
문의 : 061-383-8080 / 010-9881-7101

나무늘보
주소 : 전라남도 담양군 금성면 담순로 256
위치 : 담양리조트 삼거리 지나서 300미터
문의 : 061-383-6006 / 010-7168-2634

남촌산장펜션민박
주소 : 전라남도 담양군 담양읍 남촌길 31
위치 : 메타세콰이길에서 도보로 5분 거리
문의 : 061-382-6996 / 010-4094-9879

낭만
주소 : 전라남도 담양군 담양읍 삼만리 추월산로 138-37
위치 : 죽녹원, 메타세쿼이어길 인접
문의 : 010-5141-3147 / 010-5141-3147

다슬기민박
주소 : 전라남도 담양군 담양읍 동정자길 11
위치 : 관방제림, 메타세쿼이아 인근
문의 : 061-381-0889 / 010-7759-6971

달뫼한옥민박
주소 : 전라남도 담양군 월산면 중방길 22-8
문의 : 061-381-0331 / 010-5801-7800

담양愛
주소 : 전라남도 담양군 봉산면 방축길 7-22
문의 : 070-4211-2910 / 010-4141-2380

담양용샘골펜션
주소 : 전라남도 담양군 용면 가마골로 369-16
위치 : 용연리 용평부락 산자락에 위치한 하얀 집
문의 : www.yongsaemgol.com / 010-5114-5787

담양나드리
주소 : 전라남도 담양군 용면 복리암길 26
위치 : 추월산 관광단지 지나 500m
문의 : 010-8605-6075

담양문화민박
주소 : 전라남도 담양군 금성면 금성문화길 8-8
문의 : 010-3317-5050

담양반딧불민박
주소 : 전라남도 담양군 용면 쌍태길 62-9
문의 : 061-383-7326 / 010-5138-2339

담양배남골민박
주소 : 담양군 용면 추월산로 1311-4
위치 : 추월산 인근
문의 : 383-9384 / 010-2601-9384

담양별바라기
주소 : 전라남도 담양군 금성면 와룡길 51-20
위치 : 대나무테마공원 가는 길
문의 : 061-382-0710 / 010-8012-0710

담양솔마루
주소 : 전라남도 담양군 복리암길 23
문의 : 061-382-9989 / 010-4100-8850

담양송죽헌
주소 : 전라남도 담양군 금성면 금성문화길 30
위치 : 원율리 금성문화마을
문의 : 061-383-2356 / 010-2998-2592

담양펜션민박
주소 : 전라남도 담양군 용면 추월산로 1229
위치 : 용면 추월산 옆 호반도로변
문의 : 061-382-9800 / 010-6606-8855

담양편백숲
주소 : 전라남도 담양군 월산면 담장로 621-20
문의 : 061-381-7282 / 010-7766-7282

대밭속황토방
주소 : 전라남도 담양군 담양읍 내다길 77-14
문의 : 061-383-3588 / 010-9474-3589

대솔뫼한옥민박
주소 : 전라남도 담양군 금성면 정각길 8-3
문의 : 061-382-8804 / 016-539-5157

대숲속으로
주소 : 전라남도 담양군 담양읍 내다길 77-49
문의 : 010-8974-5400 / 010-8882-8524

대숲여행민박
주소 : 전라남도 담양군 금성면 금성문화길 29
위치 : 담양버스터미널에서 7.4km, 약 10분 거리
문의 : 061-382-2199 / 010-8621-2199

대숲향기
주소 : 전라남도 담양군 담양읍 추월산로 7-15
위치 : 시가문화촌 앞
문의 : 010-2007-4758

대흥회관
주소 : 전라남도 담양군 용면 용연대흥길 11-4
위치 : 가마골생태공원 입구
문의 : 061-382-2900 / 011-9473-2900

동산한옥민박
주소 : 전라남도 담양군 창평면 동산 한옥길 81-3
위치 : 창평면 한옥마을
문의 : 010-7494-6733

동원민박
주소 : 전라남도 담양군 용면 추월산로 1281
문의 : 061-382-0193 / 010-9676-2345

동이네펜션민박
주소 : 전라남도 담양군 금성면 원율길 56-30
문의 : 010 - 8619-4051

두메산골
주소 : 전라남도 담양군 용면 월계길 11
위치 : 담양호 관광지(추월산 월계 마을)
문의 : 061-383-3500 / 011-604-5118

둥지민박
주소 : 전라남도 담양군 용면 추령로 397
위치 : 용면 쌍태리 영화마을과 죽림정사 위쪽
문의 : 061-381-2066 / 010-2808-5400

막둥이민박
주소 : 전라남도 담양군 담양읍 객사4길 46
위치 : 죽녹원 근처 2분 거리
문의 : 061-383-6451 / 010-8294-6451

매화나무집
주소 : 전라남도 담양군 창평면 돌담길 88-4
위치 : 창평면 슬로시티 삼지내마을
문의 : 010-7130-3002

메이플
주소 : 전라남도 담양군 용면 추월산로 1234
문의 : 010-9388-0039

메타Story
주소 : 전라남도 담양군 담양읍 메타세쿼이아로 136
위치 : 메타세쿼이아길 내(테지움테마파크 앞)
문의 : 061-381-1560 / 010-4462-3250

메타숲펜션형민박
주소 : 전라남도 담양군 담양읍 삼거리길 12-26
문의 : 061-382-8088 / 010-3608-5738

메타펜션
주소 : 전라남도 담양군 담양읍 깊은실길 22-8
문의 : 061-381-2002 / 010-2833-7018

명가혜민박
주소 : 전라남도 담양군 담양읍 내다길 83
문의 : 061-383-6015 / 010-2633-6015

명아원
주소 : 전라남도 담양군 용면 추령로 247-1
위치 : 용면 쌍태리 버스정류장 옆
문의 : 061-381-2079 / 011-638-0118

문화민박
주소 : 전라남도 담양군 금성면 금성문화길 15
위치 : 담양댐 방향 담양(온천)리조트 600m 전
문의 : 070-7592-5000 / 010-3317-5050

방아재한옥민박
주소 : 전라남도 담양군 남면 백아로 2700
문의 : 061-381-5954 / 010-5610-5977

별빛달빛펜션
주소 : 담양군 담양읍 미리산길 31-5
위치 : 담양 시외버스 터미널에서 도보로 5분 거리
문의 : 070-7766-9457 / 010-7171-5118

병풍산자연학교
주소 : 전라남도 담양군 수북면 대흥길 26-1
위치 : 수북 대흥저수지 옆 200m
문의 : 010-7760-0274 / 010-7760-0274

빨간자전거민박
주소 : 전라남도 담양군 담양읍 죽향대로 1278
위치 : 담양터미널에서 메타세쿼이아길 중간 지점 남
촌교차로
문의 : 061-382-4554 / 010-4830-4544

뿌리황토민박
주소 : 전라남도 담양군 월산면 담장로 623
문의 : 061-381-0205 / 017-672-4967

사랑채민박
주소 : 전라남도 담양군 창평면 돌담길 15-30
문의 : 061-382-8888 / 010-6418-2972

산길민박
주소 : 전라남도 담양군 용면 가마골로 82
문의 : 061-381-9712 / 011-447-3537

산내음
주소 : 전라남도 담양군 용면 복리암길 1
문의 : 061-381-1118 / 010-7414-1114

산마루민박
주소 : 담양군 담양읍 추월산로 7-13
위치 : 죽녹원죽향체험마을 옆 걸어서 5분 거리
문의 : 061-381-2544 / 010-9475-2536

산성한옥민박
주소 : 전라남도 담양군 금성면 정각길 8-13
문의 : 061-383-4111 / 011-604-2165

산아래민박
주소 : 전라남도 담양군 금성면 원율길 2
위치 : 금성면 원율리 입구 담양대휴게소
문의 : 061-381-1600 / 010-8013-5525

샘골
주소 : 전라남도 담양군 용면 추령로 375-42
문의 : 010-3609-5696 / 010-3609-5696

생태마을민박
주소 : 전라남도 담양군 고서면 후산길 77-10
위치 담양군 고서면 산덕리(명옥헌원림 마을)
문의 : 061-383-9478 / 010-6541-9478

선한이웃
주소 : 전라남도 담양군 수북면 한수동로 784
위치 : 담양군 수북면 대방리 산소(O2) 팜스테이 마을
문의 : 061-383-1364 / 017-602-5435

설송민박
주소 : 전라남도 담양군 대덕면 무월길 4
위치 : 금산보건소 진료소 뒷집
문의 : 061-382- 9183 / 010-6625-9182

세솔둥지
주소 : 전라남도 담양군 담양읍 세소길 9-3
위치 : 죽녹원(죽향체험마을)에서 추월산 방향 도보
로 5분 거리
문의 : 010-4717-1874

소내민박
주소 : 전라남도 담양군 창평면 하소천길 5
위치 : 하소천마을
문의 : 010-4111-7052

소소선방
주소 : 전라남도 담양군 담양읍 강쟁길 20
위치 : 담양읍 강쟁리 정류소 부근
문의 : 061-381-0701 / 010-2691-0606

솔내음민박
주소 : 전라남도 담양군 수북면 한수동로 828
문의 : 061-382-7341 / 010-2773-7351

수목원
주소 : 전라남도 담양군 용면 추월산로 900-8
위치 : 추월산 옆 호반 도로변(추월산 가기 전 500m)
문의 : 061-381-1164 / 010-4604-1164

숨은그림찾기
주소 : 전라남도 담양군 대덕면 용대길 70
문의 : 061-383-5262 / 011-9603-5262

시목한옥민박
주소 : 전라남도 담양군 대덕면 시목길 29
문의 : 061-383-9463 / 010-2660-1066

쌍둥이관광펜션
주소 : 전라남도 담양군 금성면 덕성길 11-94
위치 : 메타세쿼이아길을 지나 8km
문의 : 061-383-0076 / 010-7222-0076

아래소내
주소 : 전라남도 담양군 창평면 유천길 53
문의 : 061-383-2768 / 010-4546-2768

약수산장민박
주소 : 전라남도 담양군 용면 용소길 119
위치 : 가마골생태공원 입구
문의 : 061-382-3488 / 011-666-3488

양지민박
주소 : 전라남도 담양군 용면 용소길 105
위치 : 가마골생태공원 입구
문의 : 061-383-0552

어울림민박
주소 : 전라남도 담양군 담양읍 금월길 19
위치 : 메타세쿼이아길 옆
문의 : 061-381-5252 / 010-9960-2688

에코황토방민박
주소 : 전라남도 담양군 담양읍 내다길 5-20
문의 : 010-8604-7052

여행길
주소 : 전라남도 담양군 용면 추월산로 1234
위치 : 추월산 지나서 500m 지점
문의 : 061-381-8090 / 017-605-9655

예담펜션
주소 : 전라남도 담양군 담양읍 객사7길 86
위치 : 담양군청에서 메타세콰이어 방향 300m
문의 : 061-381-0365 / 010-2274-4295

용소산장민박
주소 : 전라남도 담양군 용면 용소길 119
위치 : 가마골생태공원
문의 : 061-382-3488 / 011-666-3488

용연민박
주소 : 전라남도 담양군 용면 용소길 9
위치 : 가마골생태공원 입구
문의 : 061-381-0578 / 010-5053-1641

우리민박
주소 : 전라남도 담양군 용면 분통길 47-11
위치 : 가마골생태공원 입구
문의 : 061-383-7406 / 010-7105-7406

월봉한옥민박
주소 : 전라남도 담양군 창평면 돌담길 15-21
위치 : 슬로시티 삼지내(창평교회 남쪽)
문의 : 061-382-8200 핸드폰010-9435-9121

월송민박
주소 : 담양군 봉산면 면앙정로 210-37
문의 : 010-5632-5380

윤하민박
주소 : 전라남도 담양군 용면 추월산로 1027
위치 : 추월산 주차장 부근
문의 : 061-381-3766 / 019-381-3766

은송이네
주소 : 전라남도 담양군 용면 월계길 1
문의 : 061-381-8877 / 010-5611-8877

이층한옥
주소 : 전라남도 담양군 창평면 유천리 동산한옥길 71
문의 : 010-8542-4651

자연나드리황토방
주소 : 전라남도 담양군 월산면 홍암길 39-30
문의 : 061-381-6649 / 011-9622-6649

자연당
주소 : 전라남도 담양군 용면 두장길 66-2
문의 : 061-382-0019 / 010-2048-3815

자연드림펜션
주소 : 전라남도 담양군 용면 월계길 39-8
위치 : 추월산, 담양호 인근
문의 : 061-383-5780 / 010-5601-6161

조아당민박
주소 : 전라남도 담양군 담양읍 죽향문화로 383
위치 : 죽녹원 뒤, 죽향체험마당 맞은편
문의 : 061-382-2780 / 010-4622-2780

죽관메원
주소 : 전라남도 담양군 담양읍 동정자길 50
문의 : 061-381-2754 / 010-9947-0747

죽녹원마을
주소 : 전라남도 담양군 담양읍 서원길 5-4
위치 : 담양군 담양읍 죽녹원 인근
문의 : 061-381-3199 / 010-9810-0095

죽녹원5분거리민박
주소 : 전라남도 담양군 담양읍 죽녹원로 72
위치 : 죽녹원, 담양시외버스터미널에서 도보 5분
문의 : 061-381-4053 / 010-2594-4053

죽녹원가든
주소 : 전라남도 담양군 담양읍 죽녹원로 147
위치 : 죽녹원 옆
문의 : 061-383-7100 / 010-3004-0278

죽녹원민박
주소 : 전라남도 담양군 담양읍 객사4길 7
위치 : 죽녹원에서 가까운 곳(걸어서 5분)
문의 : 061-381-2441 / 010-5818-2441

죽녹원옆대숲민박
주소 : 담양군 담양읍 완동길 24-20
문의 : 061-383-7922 / 010-2620-7922

죽록산장
주소 : 전라남도 담양군 용면 추령로 375-42
위치 : 용면 쌍태리 죽림정사 절 바로 뒤
문의 : 016-9850-2862

죽림원
주소 : 전라남도 담양군 담양읍 객사7길 46
위치 : 방제림지 내
문의 : 061-383-4530 / 010-8748-8904

시가문화촌
주소 : 전라남도 담양군 담양읍 죽향문화로 378
위치 : 죽녹원 뒤편
문의 : 061-380-2690 / 010-7633-2690

죽향민박
주소 : 전라남도 담양군 담양읍 죽향문화로 315
문의 : 010-9072-3738 / 010-9072-3738

참사랑민박
주소 : 전라남도 담양군 봉산면 독서골길 27
위치 : 송강정 부근(봉산초교 양지분교 옆)
문의 : 061-383-7030 / 010-3607-7070

참좋은황토민박
주소 : 전라남도 담양군 창평면 유천길 65
위치 : 창평외곽도로 (유천리 마을 방면 500m지점)
문의 : 061-383-8989 / 017-624-6600

천치산방
주소 : 전라남도 담양군 용면 가마골로 2
위치 : 천치재 입구
문의 : 061-383-1730 / 010-2544-5620

초원민박
주소 : 전라남도 담양군 용면 용소길 164
위치 : 가마골생태공원 입구
문의 : 061-382-9729 / 010-9726-9729

추월산우리별장민박
주소 (517-821) 전라남도 담양군 용면 월계길 37-1
문의 : 061-382-9588 / 011-603-9588

추월산민박
주소 : 전라남도 담양군 용면 추월산로 1025
위치 : 담양호 관광지(추월산 주변 월계마을)
문의 : 061-382-2977 / 010-3114-2977

추월산장민박
주소 : 전라남도 담양군 용면 월계리 167
위치 : 추월산 관광지 부근
문의 : 061-383-2789 / 011-615-4453

클로버
주소 : 전라남도 담양군 옹면 추령로 243-25
위치 : 용면 쌍태리
문의 : 061-382-8823 / 010-4131-8825

테라스민박
주소 : 전라남도 담양군 용면 용평길 8
위치 : 추월산과 담양댐 앞 도로변
문의 : 061-382-8433 / 010-4729-8435

통시골민박
주소 : 전라남도 담양군 용면 분통길 55-73
위치 : 용면 용연리 방면
문의 : 061-381-8865 / 010-2400-0232

풀잎펜션
주소 : 전라남도 담양군 용면 추월산로 1288
문의 : 061-383-9939 / 010-2617-3333

프로방스펜션
주소 : 전라남도 담양군 담양읍 깊은실길 22-8 외 11동
문의 : 061-381-2002 / www.metapension.com

하늘가로수
주소 : 전라남도 담양군 금성면 시암골로 26-7
위치 : 금성중학교 후문
문의 : 010-8666-7999 / 010-2023-4274

하늘초원
주소 : 전라남도 담양군 용면 추령로 250
문의 : 010-8607-8545 / 010-8607-8545

하여가
주소 : 전라남도 담양군 남면 구산리 52-6
위치 : 소쇄원에서 10분 거리(승용차)
문의 : 061-381-9429 / 010-9102-8239

한울타리민박
주소 : 전라남도 담양군 월산면 도동길 14
위치 : 담양군 월산면 바심재(용흥사 입구)
문의 : 061-381-1112 / 010-4634-1112

항아리황토방민박
주소 : 전라남도 담양군 용면 금성산성길 553
위치 : 용면 담양댐과 추월산 가는 삼거리
문의 : 061-383-0303 / 010-2431-9070

해오름민박
주소 : 전라남도 담양군 용면 월계길 49
위치 : 추월산 국민 관광 단지 주차장 부근
문의 : 061-383-0300 / 016-665-0011

행복나드리민박
주소 : 전라남도 담양군 담양읍 추월산로 80-30
위치 : 시가문화촌 앞 1km 지점
문의 : 061-383-1186 / 011-623-1109

향토민박
주소 : 전라남도 담양군 금성면 금성산성길 27
문의 : 061-383-7666 / 010-4613-9024

담양 여행

초판 1쇄 발행 2015년 8월 25일

지은이 양소희 | 편집 · 디자인 양정희
발행인 양정희 | 발행처 낭만판다

출판신고 2011년 10월 25일 | 등록번호 제2015-000016호
주소 인천광역시 연수구 선학로 37, 4동 501호
전화 070-8848-2608 | 팩스 0303-0942-2608
이메일 nangmanpanda@naver.com
홈페이지 www.nangmanpanda.com
ISBN 979-11-950601-9-1 13980

저자와 출판사의 허락 없이 내용의 일부를 인용하거나 발췌하는 것을 금합니다.
잘못 만들어진 책은 구입처에서 바꾸어 드립니다.

이 도서의 국립중앙도서관 출판예정도서목록(CIP)은 서지정보유통지원시스템 홈페이지(http://seoji.nl.go.kr)와
국가자료공동목록시스템(http://www.nl.go.kr/kolisnet)에서 이용하실 수 있습니다.
(CIP제어번호: CIP2015022348)